U0353807

上海市民防救援专业队伍
训练大纲与考核细则

上海市民防特种救援中心　编

同济大学出版社

内容提要

本书围绕上海民防在应急工作中承担的职责任务，全面系统地阐述民防化救、特救队伍参与化学灾害事故、核与辐射事故、地震灾害事故、道路交通事故等应急处置工作所需掌握的理论知识、专业技能，以及相关的专项及合成训练等。本书分共同、核化救援专业、特种救援专业三个部分，并就各部分的训练大纲、考核细则和训练方法进行了详细地明确。本书内容全面、简明，具有较强的实用性和操作性，适合从事相关工作的应急部门和人员阅读，也可作为应急救援志愿者的参考读物。

图书在版编目（CIP）数据

上海市民防救援专业队伍训练大纲与考核细则／上海市民防特种救援中心编. -- 上海：同济大学出版社，2018.3

ISBN 978-7-5608-7779-2

Ⅰ.①上… Ⅱ.①上… Ⅲ.①民防–突发事件–救援–安全培训–自学参考资料 Ⅳ.①X928.04

中国版本图书馆CIP数据核字(2018)第048758号

上海市民防救援专业队伍训练大纲与考核细则

上海市民防特种救援中心 编

责任编辑：丁会欣
责任校对：徐春莲
封面设计：陈益平

出版发行　同济大学出版社　www.tongjipress.com.cn
　　　　　（地址：上海四平路1239号　邮编：200092　电话：021-65985622）
经　　销　全国各地新华书店
印　　刷　常熟市大宏印刷有限公司
成品规格　140mm×203mm　　1/32
印　　张　7
字　　数　188 000
版　　次　2018年3月第1版　2018年3月第1次印刷
书　　号　ISBN 978-7-5608-7779-2
定　　价　38.00元

编委会

主　编：严慧栋

编　委：

　　共同和核化救援专业部分：朱文彬　王静　韩春华　冯涛　杨辉　王佳唯

　　特种救援专业部分：胡长亮　管勤武　蒋文军

序

"兴防先兴训，实战先实训。"党的十八大以来，习主席从实现党在新形势下的强军目标高度，对提高军事训练实战化水平作出了一系列重要指示，为加强新形势下人防训练指明了方向，提供了根本遵循。

基础不牢，地动山摇。提高人防训练实战化水平，抓好基础训练是前提。为贯彻落实习主席关于"能打仗、打胜仗"的核心要求，不断强化人防军事斗争准备，近年来，上海市民防救援专业队伍按照国家人防办集训精神，强基础，抓落实，补短板，进一步提高实战化训演练水平。围绕人防能力短板专攻精炼，固强补弱，深入开展理论学习，突出抓好技能训练，大力加强新课题演练，注重开展新型防护力量训练。梳理了多年来民防救援队伍参与处置的各类典型灾害事故，厘清了训练思路，规范了训练方法，先后编写了《上海市民防救援案例汇编》《上海市民防救援队伍应急手册》《上海市重要经济目标防护专业队伍建设研究》等资料，不断推动人防训练向实战化靠拢。

党的十九大要求我们要"扎实做好各战略方向军事斗争准备"，要"使人民获得感、幸福感、安全感更加充实，更有保障，更可持续"，做好民防救援工作就是我们义不容辞的责任。平时是战时的基础，战时是平时的检验。为战时履行人民防空的神圣职责，积极防空，消除空袭后果，减少经济损失和人员伤亡，保存战争潜力；为平时完成特种事故、核与化学事故的应急救援任务，在国家人防办《人民防空训练与考核大纲》（试行）的基础上，我们组织专业技术人员编写了《上海市民防救援专业队伍训练大纲与考核细则》一书。希望本书的出版对参与或承担特种及核化事故救援的有关人员和专业队伍，尽快掌握相关的知识技能，提高平战结合救援能力，切实履行人民防空"战时防空、平时服务、应急支援"的使命任务有所裨益。

上海市民防办公室 主任 党组书记

目　录

总　则

一、为规范全市民防救援业务训练内容、时间、条件、标准与考核，提高民防救援训练质量效益，增强救援队伍应急处置综合能力，根据《中华人民共和国人民防空法》《上海市民防条例》《人民防空训练规定》及《人民防空训练与考核大纲》，结合本市民防救援队伍实际，制定《上海市民防救援专业队伍训练大纲与考核细则》（以下简称大纲）。

二、民防救援业务训练以习主席新形势下的强军目标高度，对提高军事训练实战化水平作出的一系列重要指示为指导思想，贯彻落实习主席"能打仗、打胜仗"的核心要求，以履行人防"战时防空、平时服务、应急支援"使命任务为基本原则，坚持立足实战、按纲施训、科学练兵、注重效益、保证质量的基本方针。

三、民防救援训练实行周期制，以4年为一个训练周期。每年组织或参加1~2次单课题或多课题的合成训练或演练，每个训练周期组织或参加1次全系统、全要素、全过程的技能比武竞赛。

四、根据训练对象和训练任务的不同，区分共同训练、核化救援训练、特种救援训练三个部分，并设置相应的训练课目和训练内容。每部分训练有相应的参训时间要求，参加上级组织的训练、演习时间，计入年度训练总时间。

五、各单位要严格按照训练大纲制定年度训练计划，突出主业，强化实战，做到环境真、内容难、考核严、演练实，坚持依法组训、按纲施训、从严治训，照章督训，确保民防救援队伍训练规范运行和落地见效。

六、市区两级民防救援队伍的共同训练和专业训练通常由本级民防救援训练领导小组组织实施。市级民防救援队伍每年定期组织全市民防救援队伍进行集中培训，促进市区两级民防救援队伍训练与实战一体化。

七、民防救援训练考核通常由本级民防救援训练领导小组进行评定。考核采取考试与评估相结合的方式组织。共同训练、专业训练通常以考试方式考核，合成训练或演习通常以评估方式考核。

八、考试分为理论考试、想定作业、实际操作。理论考试可采取笔试、上机操作或口试等方式进行。评估以定性评估和量化评估相结合的方式组织，以量化评估为主。

考试形式分为普考、抽考和补考。对单个训练课目通常采取普考或抽考的方式，普考成绩不合格可有1次补考的机会，补考成绩作为该课目最终评定成绩。内容较多的课目，可采取抽考的方式抽取部分主要内容进行考核，所考成绩即为该课目的成绩。

九、训练成绩分为个人成绩和单位成绩，通常区分为"优秀、良好、及格、不及格"四个等级。个人年度训练成绩由共同训练、专业训练各课目考试成绩综合评定。单位训练成绩通常由个人年度训练成绩、参训率、训练准备与实施、训风考风演风等要素综合评定。训练成绩纳入个人和单位年度责任目标考核体系。

十、民防救援业务训练及轮训所涉及的各项经费和装备，通常由本级民防救援队伍或其主管单位负责保障。全市民防救援业务集中培训所需经费和装备通常由组织单位协调解决。

十一、贯彻严格训练、科学训练、安全训练要求，加强训练安全风险评估和防范，严格落实训练安全责任制度和训练安全管理规定，加大训练监督检查力度，确保训练安全。

十二、本大纲未明确事宜，由大纲编制单位结合实际，作出相应规定。

共同部分

分　则

一、本部分适用于区级及以上民防救援专业队伍。

二、民防救援专业队伍训练实行周期制，每个训练周期为4年。共同训练不少于10个训练日70个训练小时。参训率要达到编成人数的80%以上。

三、民防救援专业队伍共同训练通常由本级组织，按照宗旨与职业道德、法律常识、各类应急预案、队列体能训练、个人防护技术、现场救护、心理素质训练七个部分进行。共同训练通常采取个人自学、集中训练、岗位训练相结合的方式组织实施，由本级人民防空主管部门组织。

四、民防救援专业队伍共同训练成绩区分为个人成绩和单位成绩，采取"优秀、良好、及格、不及格"四级制评定。个人成绩由本单位评定，单位成绩由上一级人民防空主管部门评定。

共同训练考核在训练结束后统一组织，成绩通常按百分制计算，其中闭卷考试50分，实际操作50分。

五、个人成绩由宗旨与职业道德、法律常识、各类应急预案、队列体能训练、个人防护技术、现场救护、心理素质训练成绩综合评定，取平均值。个人年度成绩90分(含)以上为优秀，80分(含)～90分(不含)为良好，60分(含)～80分(不含)为及格，60分(不含)以下为不及格。

六、单位训练成绩由个人成绩、参训率、训练准备与实施、训风考风演风等要素综合评定，其中训练准备与实施、训风考风演风依据评分细则评定，评定标准为：

优秀：所有个人年度训练成绩均为良好以上且优秀率不低于40%，

或者所有个人年度训练成绩均为及格以上且优秀率不低于70%，参训率皆不低于80%，训练准备与实施、训风考风演风成绩均为优秀。

良好：所有个人年度训练成绩均为及格以上且优良率不低于60%，参训率不低于75%，训练准备与实施、训风考风演风成绩均为良好以上。

及格：80%以上个人年度训练成绩均为及格以上，参训率不低于75%，训练准备与实施、训风考风演风成绩均为良好以上。

不及格：达不到及格标准。

凡年度训练计划规定的内容，要全面训练，逐一考核，无故不参加训练考核者，其成绩评为不合格。

七、其他承担本市民防救援任务的队伍，参照本大纲组织训练。

共同训练年度训练时间分配参考表

区 分	课 目	时间（小时）	
宗旨与职业道德	宗旨与职业道德	3	
法律常识	法律常识	4	
各类应急预案	各类应急预案	7	
队列体能训练	体能训练	21	70
	单人队列动作	4	
	集体队列动作	3	
个人防护技术	个人防护技术	21	
现场救护	现场救护	4	
救援人员心理素质训练	救援人员心理素质训练	3	
年度训练总时间		70	70

训练大纲

（一）宗旨与职业道德

条件 相应的教材；电教器材；室内。

内容 1.民防队伍的性质、宗旨。

2.民防队伍的任务和职业道德。

标准 了解民防应急队伍的性质、宗旨，熟悉任务和职业道德。

方法 讲授、观看录像、自学。

考核 笔试或口试。90分优秀、80分良好、60分及格、60分以下不及格。

（二）法律常识

条件 相应的教材；电教器材；室内。

内容 1.《中华人民共和国防空法》。

2.《上海市民防条例》。

3.《危险化学品管理条例》。

4.《上海市危险化学品安全管理办法》。

5.《中华人民共和国突发事件应对法》。

6.《上海市实施〈中华人民共和国突发事件应对法〉办法》。

7.《中华人民共和国反恐怖主义法》。

标准 熟悉相关法律内容。

方法 讲授、观看录像、自学。

考核 笔试或口试。90分优秀、80分良好、60分及格、60分以下不及格。

（三）各类应急预案的学习

条件 相应的教材；电教器材；室内。

内容 1.《上海市突发公共事件总体应急预案》。

2.《上海市处置危险化学品事故应急预案》。

3.《上海市处置核和辐射恐怖袭击事件应急预案》。

4.《上海市处置化学恐怖袭击事件应急预案》。

5. 其他相关预案。

标准 熟悉相关预案内容。

方法 讲授、观看录像、自学。

考核 笔试或口试。90 分优秀、80 分良好、60 分及格、60 分以下不及格。

（四）队列体能训练

课目一　体能训练

条件 室内或者室外。

内容 1. 俯卧撑。

2. 仰卧起坐。

3. 双腿深蹲起立。

4. 折返跑(10 米 × 5)

5. 100 米跑。

6. 3000 米跑。

标准 掌握要领，动作规范，符合要求。

方法 训练、自学。

考核 由本级或上级部门组织测试。实际操作。

课目二　单人队列动作

条件 室内或者室外。

内容 1. 立正、跨立、稍息。

2. 停止间转法。

3. 行进、立定。

4. 步法变换。

5. 行进间转法。

6. 坐下、蹲下、起立。

标准 掌握队列动作基本要领，动作连贯，协调一致；队列纪律严格，姿态端正。

方法 讲授、训练、自学。

考核 由本级或上级部门组织测试。实际操作。

课目三 集体队列动作

条件 室内或者室外。

内容 1. 整体队形。

2. 集合、离散。

3. 整齐、报数。

4. 出列、入列。

标准 掌握队列动作基本要领，动作连贯，协调一致；队列纪律严格，姿态端正。

方法 讲授、训练、自学。

考核 由本级或上级部门组织测试。实际操作。

（五）个人防护技术

条件 室外；过滤式面具、空气呼吸器、防化服（轻型防化服、重型防化服）、防辐射服（X射线防护系列、射线防护服）、个人剂量仪。

内容 1.佩戴过滤式面具。

2.佩戴空气呼吸器。

3.穿戴防化服。

4.穿戴防辐射服。

标准 熟练准确使用过滤式面具、空气呼吸器，掌握穿戴防化服、防辐射服的正确顺序和脱卸要领。

方法 讲授、练习、自学。

考核 由本级或上级部门组织实施。实际操作。

（六）现场救护

条件 室内；专用模拟人；自动体外除颤器。

内容 1. 成人心肺复苏技术。

2. 指压止血。

3. 徒手搬运伤员。

标准 准确按照急救程序实施心肺复苏术，熟练掌握常用指压止血和徒手搬运伤员方法。

方法 讲授、练习、自学。

考核 由本级或上级部门组织实施。实际操作。

（七）救援人员心理素质训练

条件 相应的教材或讲义；视频资料；室内；VR体验设备；拓展训练基地。

内容 1. 心理应激反应。

2. 心理防护和调节。

3. 模拟实践场景体验。

标准　熟悉救援工作任务及场景特点，了解心理活动规律，掌握心理调适方法，减缓工作压力。

方法　讲授、观看录像、实践体验、自学。

考核　由本级或上级部门组织实施。实际操作。

考核细则

（一）宗旨与职业道德

笔试或口试。90 分优秀、80 分良好、60 分及格、60 分以下不及格。

（二）法律常识

笔试或口试。90 分优秀、80 分良好、60 分及格、60 分以下不及格。

（三）各类应急预案的学习

笔试或口试。90 分优秀、80 分良好、60 分及格、60 分以下不及格。

（四）队列体能训练

课目一　体能训练

实际操作，逐人实施。以下成绩均为达标成绩：

项目	年龄、标准			
	30岁以下	30～39岁	40～49岁	50～59岁
俯卧撑	25次/分	20次/分	10次/分	5次/分
仰卧起坐	35次/分	25次/分	15次/分	10次/分
双腿深蹲起立	60次/2分	40次/2分	20次/2分	12次/2分
折返跑(10米×5)	30秒	35秒	45秒	55秒
100米跑	16秒	18秒	20秒	22秒
3000米跑	18分	21分	26分	33分

课目二　单人队列动作

实际操作，逐人实施，每个动作做两次。满分100分，90 分优秀、80 分良好、60 分及格、60 分以下不及格。

立正、跨立、稍息	站姿不标准（扣10分）
	稍息出脚慢、脚搓地（扣10分）
	稍息出脚过大或过小（扣10分）
停止间转法	转体不稳（扣5分）
	转体不快（扣5分）
	转体角度不准，无节奏（扣5分）
	靠脚无力（扣5分）
	靠脚扫腿（扣5分）
行进、立定	手型不正确（扣5分）
	两臂摆动不准确（扣10分）
	立定不正确（扣5分）
	不目视前方（扣5分）
坐下、蹲下、起立	右脚后退半步时动作慢、距离不准确（扣5分）
	蹲下不迅速，臀部没坐在右脚跟上，上体不保持正直（扣5分）
	起立时身体重心不稳，靠腿不迅速（扣10分）

课目三 集体队列动作

实际操作。满分100分，90分优秀、80分良好、60分及格、60分以下不及格。

整体队形	队列不整齐（扣10分）
	着装不整齐（扣10分）
	精神不振奋（扣10分）
集合、离散	集合速度不快（扣10分）
	集合时混乱（扣10分）
整齐、报数	报数声音不短促洪亮（扣10分）
	摆头不够迅速（扣10分）
出列、入列	没有按规范应答（扣10分）
	动作拖沓（扣10分）
	动作不规范（扣10分）

（五）个人防护技术

1. 佩戴过滤式面具

1.1 时间计算：从发出"防护"口令起，到举手报告"好"为止。

1.2 动作要领和气密性符合要求，完成时间不超过15秒为100分，每超过1秒扣1分。

1.3 凡不进行气密性检查的扣25分。

1.4 面具没有戴正妨碍观察的扣20分。

1.5 面具卷边、头带打折或者过松的扣25分。

1.6 滤罐选择错误，不合格。

1.7 凡损坏器材者，不合格。

1.8 报"好"后，再出现防护动作的扣10分。

2. 佩戴空气呼吸器

2.1 时间计算：从发出"防护"口令起，到举手报告"好"为止。

2.2 动作要领和气密性符合要求，完成时间不超过25秒为100分，每超过1秒扣1分。

2.3 凡不进行气密性检查的扣25分。

2.4 面具没有戴正妨碍观察的扣20分。

2.5 面具卷边、头带打折或者过松的扣25分。

2.6 凡损坏器材者，不合格。

2.7 报"好"后，再出现防护动作的扣10分。

3. 穿戴防毒衣

3.1 穿戴轻型防化服

(1) 时间计算：从发出"开始"的口令起，至举手报告"好"为止。

(2) 动作要领和气密性符合要求，佩戴时间不超过1分30秒为100分，防护时间每超过1秒扣2分。

(3) 凡皮肤外露每处扣50分。

(4) 凡头发外露每处扣25分。

(5) 凡不进行气密性检查的扣25分。

(6) 空气呼吸器连接部位有漏气每处扣20分。

(7) 面具没有戴正妨碍观察的扣20分。

(8) 面具卷边、头罩打折或者过松各扣25分。

(9) 系带不紧每条扣5分，每少系一条扣5分。

(10) 凡拇指没有套入内袖指环的，每个扣5分。

(11) 凡胸襟、袖口不密合，每处扣20分。

(12) 凡损坏器材者，不合格。

(13) 报"好"后，再出现防护动作的扣10分。

3.2 穿戴重型防化服

(1) 时间计算：从发出"开始"的口令起，至举手报告"好"为止。

(2) 动作要领和气密性符合要求，佩戴时间不超过1分15秒为100分，防护时间每超过1秒扣2分。

(3) 凡不进行气密性检查的扣25分。

(4) 面具没有戴正妨碍观察的扣20分。

(5) 面具卷边、头带打折或者过松的扣25分。

(6) 空气呼吸器连接部位有漏气每处扣20分。

(7) 拉链未拉尽，不合格。

(8) 拉链盖未扣紧扣25分。

(9) 凡损坏器材者，不合格。

(10) 报"好"后，再出现防护动作的扣10分。

4. 穿戴防辐射服

4.1 X射线防护系列评分标准：规范穿戴防护器材，满分100分，防护时间3分钟。

(1) 未佩戴好个人报警测量卡扣5~11分。

(2) 未穿好PA07防护裙各扣20分。

(3) 未佩戴防护手臂套每个扣10分。

(4) 未正确佩戴防护眼镜、防护口罩各扣10分。

(5) 未穿戴护颈连体帽扣20分。

(6) 未按照正确顺序穿戴或防护不严密扣10分。

4.2 射线防护服评分标准：规范穿戴防护器材，满分100分，防护时间3分钟。

(1) 未佩戴好个人报警测量卡扣5~11分。

(2) 正确穿戴连体式辐射防护服扣20分。

(3) 未佩防护靴每个扣10分。

(4) 未正确佩戴防护手套每个扣10分。

(5) 未佩戴过滤式面具扣30分。

（六）现场救护

1. 成人心肺复苏技术

1.1 程序错误的，不合格。

1.2 体位不正确的扣10分。

1.3 未畅通呼吸道的扣10分。

1.4 吹入气量过多或过少的扣10分。

1.5 胸外心脏按压位置错误的扣30分。

1.6 按压频率不正确的扣10分。

1.7 按压深度不正确的扣10分。

2. 指压止血

2.1 指压位置不正确的，每处扣20分。

3. 徒手搬运伤员

3.1 搬运方法不正确的，每种扣20分。

（七）救援人员心理素质训练

由本级或上级部门组织实施。实际操作。

训练方法

（一）宗旨与职业道德

训练方法：

讲授、观看录像、自学。

（二）法律常识

训练方法：

讲授、观看录像、自学。

（三）各类应急预案的学习

训练方法：

讲授、观看录像、自学。

（四）队列体能训练

课目一　体能训练

训练方法：

个人训练与集体训练相结合。

课目二　单人队列动作

训练方法：

1.立正、跨立、稍息

1.1 立正

口令：立正。

要领：两脚跟靠拢并齐，两脚尖向外分开约60度；两腿挺直；小腹微收，自然挺胸；上体正直，微向前倾；两肩要平，稍向后张；两臂下垂自然伸直，手指并拢自然微曲，拇指尖贴于食指第二节，中指贴于裤缝；头要正，颈要直，口要闭，下颌微收，两眼向前平视。

1.2 跨立

口令：跨立。

要领：左脚向左跨出约一脚之长，两腿挺直，上体保持立正姿势，身体重心落于两脚之间。两手后背，左手握右手腕，拇指根部与外腰带下沿（内腰带上沿）同高；右手手指并拢自然弯曲，手心向后。

1.3 稍息

口令：稍息。

要领：左脚顺脚尖方向伸出约全脚的三分之二，两腿自然伸直，上体保持立正姿势，身体重心大部分落于右脚。稍息过久，可以自行换脚。

2. 停止间转法

2.1 向右（左）转

口令：向右（左）——转。

要领：以右（左）脚跟为轴，右（左）脚跟和左（右）脚掌前部同时用力，使身体协调一致向右（左）转90度，体重落在右（左）脚，左（右）脚取捷径迅速靠拢右（左）脚，成立正姿势。转动和靠脚时，两腿挺直，上体保持立正姿势。

2.2 向后转

口令：向后——转。

要领：按照向右转的要领向后转180度。

3. 行进、立定

3.1 齐步

口令：齐步——走。

要领：左脚向正前方迈出约75厘米，按照先脚跟后脚掌的顺序着地，同时身体重心前移，右脚照此法动作；上体正直，微向前倾；手指轻轻握拢，拇指贴于食指第二节；两臂前后自然摆动，向前摆臂时，肘部弯曲，小臂自然向里合，手心向内稍向下，拇指根部对正衣扣线，并与最下方衣扣同高，离身体约25厘米；向后摆臂时，手臂自然伸直，手腕前侧距裤缝线约30厘米。行进速度每分钟116～122步。

3.2 正步

口令：正步——走。

要领：左脚向正前方踢出约75厘米（腿要绷直，脚尖下压，脚掌与地面平行，离地面约25厘米），适当用力使全脚掌着地，同时身体重心前移，右脚照此法动作；上体正直，微向前倾；手指轻轻握拢，拇指伸直贴于食指第二节；向前摆臂时，肘部弯曲，小臂略成水平，手心向内稍向下，手腕下沿摆到高于最下方衣扣约10厘米处，离身体约10厘米；向后摆臂时（左手心向右，右手心向左），手腕前侧距裤缝线约30厘米。行进速度每分钟110~116步。

3.3 跑步

口令：跑步——走。

要领：听到预令，两手迅速握拳（四指蜷握，拇指贴于食指第一关节和中指第二节），提到腰际，约与腰带同高，拳心向内，肘部稍向里合。听到动令，上体微向前倾，两腿微弯，同时左脚利用右脚掌的蹬力跃出约85厘米，前脚掌先着地，身体重心前移，右脚照此法动作；两臂前后自然摆动，向前摆臂时，大臂略垂直，肘部贴于腰际，小臂略平，稍向里合，两拳内侧各距衣扣线约5厘米；向后摆臂时，拳贴于腰际。行进速度每分钟170~180步。

4. 步法变换

步法变换，均从左脚开始。

齐步、正步互换，听到口令，右脚继续走1步，即换正步或者齐步行进。

齐步换跑步，听到预令，两手迅速握拳提到腰际，两臂前后自然摆动；听到动令，即换跑步行进。

齐步换踏步，听到口令，即换踏步。

跑步换齐步，听到口令，继续跑2步，然后，换齐步行进。

跑步换踏步，听到口令，继续跑2步，然后换踏步。

踏步换齐步或者跑步，听到"前进"的口令，继续踏2步，再换齐步或者跑步行进。

5. 行进间转法

5.1 齐步、跑步向右（左）转

口令：向右（左）转——走。

要领：左（右）脚向前半步（跑步时，继续跑2步，再向前半步），脚尖向右（左）约45度，身体向右（左）转90度时，左（右）脚不转动，同时出右（左）脚按照原步法向新方向行进。

半面向右（左）转走，按照向右（左）转走的要领转45度。

5.2 齐步、跑步向后转

口令：向后转——走。

要领：左脚向右脚前迈出约半步（跑步时，继续跑2步，再向前半步），脚尖向右约45度，以两脚的前脚掌为轴，向后转180度，出左脚按照原步法向新方向行进。

转动时，保持行进时的节奏，两臂自然摆动，不得外张；两腿自然挺直，上体保持正直。

6. 坐下、蹲下、起立

6.1 坐下

口令：坐下。

要领：左小腿在右小腿后交叉，迅速坐下（坐凳子时，听到口令，左脚向左分开约一脚之长），手指自然并拢放在两膝上，上体保持正直。

6.2 蹲下

口令：蹲下。

要领：右脚后退半步，前脚掌着地，臀部坐在右脚跟上（膝盖不着地），两腿分开约60度，手指自然并拢放在两膝上，上体保持正直。蹲下过久，可以自行换脚。

6.3 起立

口令：起立。

要领：全身协力迅速起立，成立正姿势。

课目三 集体队列动作

训练方法：

1. 整体队形

队列的基本队形为横队、纵队、并列纵队。需要时，可以调整为其他队形。队列人员之间的间隔（两肘之间）通常约10厘米，距离（前一名脚跟至后一名脚尖）约75厘米。需要时，可以调整队列人员之间的间隔和距离。

2. 集合、离散

2.1 集合

集合，是使单个队员、队伍按照规范队形聚集起来的一种队列动作。

集合时，指挥员应当先发出预告或者信号，如"全体注意"，然后，站在预定队形的中央前，面向预定队形成立正姿势，下达"成××队——集合"的口令。所属人员听到预告或者信号，原地面向指挥员成立正姿势；听到口令，跑步到指定位置面向指挥员集合（在指挥员后侧的人员，应当从指挥员右侧绕过），自行对正、看齐，成立正姿势。

2.2 离散

离散，是使列队的单个队员、队伍各自离开原队列位置的一种队列动作。

(1) 离开

口令：各队带开（带回）。

要领：队列中的各队指挥员带领本队迅速离开原列队位置。

（2）解散

口令：解散。

要领：队列人员迅速离开原列队位置。

3. 整齐、报数

3.1 整齐

整齐，是使列队人员按照规定的间隔、距离，保持行、列齐整的一种队列动作。整齐分为向右（左）看齐和向中看齐。

口令：向右（左）看——齐。向前——看。

要领：基准队员不动，其他队员向右（左）转头，眼睛看右（左）邻队员腮部，前四名能通视基准队员，自第五名起，以能通视到本人以右（左）第三人为度。后列人员，先向前对正，后向右（左）看齐。听到"向前——看"的口令，迅速将头转正，恢复立正姿势。

口令：以×××为准，向中看——齐。向前——看。

要领：当指挥员指定"以×××为准（或者以第×名为准）"时，基准队员答"到"，同时左手握拳高举，大臂前伸与肩略平，小臂垂直举起，拳心向右。听到"向中看——齐"的口令后，其他队员按照向左（右）看齐的要领实施。听到"向前——看"的口令后，基准队员迅速将手放下，其他队员迅速将头转正，恢复立正姿势。

一路纵队看齐时，可以下达"向前——对正"的口令。

3.2 报数

口令：报数。

要领：横队从右至左（纵队由前向后）依次以短促洪亮的声音转头（纵队向左转头）报数，最后一名不转头。数列横队时，后列最后一名报"满伍"或者"缺×名"。

4. 出列、入列

单个队员和队伍出、入列通常用跑步（5步以内用齐步，1步用正步），或者按照指挥员指定的步法执行；然后，进到指挥员右前侧适当位置或者指定位置，面向指挥员成立正姿势。

4.1 出列

口令：×××（或者第×名），出列。

要领：出列队员听到呼点自己姓名或者序号后应当答"到"，听到"出列"的口令后，应当答"是"。

位于第一列（左路）的队员，按照本条上述规定，取捷径出列。

位于中列（路）的队员，向后（左）转，待后列（左路）同序号的队员向右后退1步（左后退1步）让出缺口后，按照本条的上述规定从队尾（纵队时从左侧）出列；位于"缺口"位置的队员，待出列队员出列后，即复原位。

位于最后一列（右路）的队员出列，先退1步（右跨1步），然后，按照本条有关规定从队尾出列。

4.2 入列

口令：入列。

要领：听到"入列"口令后，应当答"是"，然后，按照出列的相反程序入列。

（五）个人防护技术

训练方法：

1.佩戴过滤式面具

1.1 根据现场毒气环境，选择合适的滤罐。

1.2 面具袋按右肩左肋方法携带。

1.3 听到"防护"口令后，立即闭眼，停止呼吸，左手握面具袋底部，将其转到身体的左前方，右手打开袋盖，握取面罩，抓住头带和罩体的上部，迅速把面罩移到胸前。

1.4 用双手将头罩撑开，拇指在内，拉开头带，下颚微伸出，用面罩套住下颚，接着双手由下向上、由前至后移动头带，把面罩戴好，两手调整头带，用力呼出一口气，睁开眼睛，放下双手。

1.5 从面具袋内取出滤罐，右手握罐体，左手堵进气孔，稍用力吸气，若感到闭塞不透气，说明是气密的，否则应逐步检查。

1.6 听到"解除"的口令后，左手大拇指插入头带垫，右手握导气管上端和通话器下部或滤罐接口下部，由后至前、由上至下脱下面罩，整理后放入面具袋内，成携行状态。

2.佩戴空气呼吸器

以PA94Plus压缩空气呼吸器为例：

2.1 使用前检查：检查气瓶是否固定、压力是否正常、气瓶气密性、报警笛、面罩气密性。

2.2 将空气呼吸器置于身前，气瓶及面屏不与地面接触。

2.3 听到"防护"口令后，背上空气呼吸器，连接带扣，调整好腰带和肩带。

2.4 用双手将头罩撑开，拇指在内，拉开头带，下颚微伸出，用面罩套住下颚，接着双手由下向上、由前至后移动头带，把面罩戴好，两手调整头带，用力呼出一口气，睁开眼睛，放下双手。

2.5 连接需气阀和面罩，打开气瓶阀，正常呼吸。

2.6 听到"解除"的口令后，按压复位杆，卸下需气阀，左手大拇指插入头带垫，右手握导气管上端和通话器下部，由后至前、由上至下脱下面罩，关闭气瓶阀，排空系统，解开腰带扣，卸下空气呼吸器。

3.穿戴防化服

3.1 穿戴轻型防化服

穿防化服的动作要领可概括为"卸、展、穿、戴"四个字，脱防化服的要领可概括为"卸、解、脱"三个字。分述如下：

(1) 卸：即卸下器材与装具，解下腰带置于身体左侧，下蹲的同时，左右手分别握住防化服袋和面具袋的背带，卸下两袋，置于身体的左前方或左侧方。

(2) 展：左手扶防化服袋，右手打开袋盖并取出防化服，顺势向前展开防化服。

(3) 穿：两手撑开胸襟，按先左后右的顺序将腿伸入裤管，上提防化服的同时稍下蹲，将两臂插入袖筒，借两臂的上翻力把防化服穿上。此时，为了使防化服穿得平整及背挎各种器材和装具的方便，可暂时将头罩罩在头上，挺身并掖好胸襟布，由下而上对齐抹平尼龙搭扣，系好腰带。

整理好脱下的鞋帽等物并放入防化服袋，盖好袋盖。面具袋在上，防化服袋在下，一起成右肩左肋背好。

(4) 戴：即戴面具（空气呼吸器）、衬帽、头罩与手套。按要求佩戴好面具（空气呼吸器）与衬帽，扣好头罩，仔细掖好下颌垫布，系好颈带。从面具袋中取出手套，挂好拇指套环，按先左后右顺序戴好手套。为保障袖口部位的气密，手套须位于内外袖之间。

(5) 在脱之前，应按沾染或染毒的实际情况，进行局部洗消处理。分队指挥员应判明风向，令脱防化服者背风而立，而后下达"脱防化服"口令。

(6) 卸：卸下仪器，若是佩戴空气呼吸器，可先关闭气瓶阀，卸下气瓶背架。

(7) 解：自上而下依次解开颈带、腰带和鞋带，打开防化服袋的盖。

(8) 脱：右手掀下头罩，抓住下颌垫布，左手握住颈带，用双手向后下方翻脱上衣，脱出双肩。两手缩回到外袖内，逐段交替地抓住外袖与手套，脱出双手。双手从里面下推防化服，露出小腿后，先左后右抬腿后退一步，穿鞋，脱去衬帽后，用左手拇指抠面具的头带垫，向前脱下面具，放到面具袋上。

3.2 穿戴重型防化服

穿戴重型防化服时，建议由第二名人员协助。

(1) 根据相关要求穿戴好空气呼吸器，如有需要，可佩戴头盔，完全打开气瓶阀。

(2) 双腿依次伸入防化服，拉起防化服，左臂伸入袖子，将防化服背部拉至空气呼吸器上方，右臂伸入袖子。

(3) 以适中的力量一段一段地拉起拉链，用一只手伸展拉链，另一只手慢慢拉起拉链头，扣紧拉链盖。

(4) 如果防化服脏污严重，可在未脱下时进行初步清洗，如有需要，可使用去垢添加剂。脱下防化服时，应避免接触其外表面的脏污物质。

4. 穿戴防辐射服

4.1 X射线防护系列

(1) 佩戴好个人剂量仪。

(2) 穿好防护裙。

(3) 佩戴防护手臂套。

(4) 佩戴防护眼镜、防护口罩。

(5) 穿戴护颈连体帽。

4.2 射线防护服

(1) 佩戴好个人报警测量卡。

(2) 正确穿戴连体式辐射防护服。

(3) 穿防护靴。

(4) 佩戴过滤式面具。

（六）现场救护

训练方法：

1. 成人心肺复苏技术

1.1 判断意识：轻轻摇动伤病者肩部，并高声呼唤伤者若干声，若无反应，立即用手指甲掐压人中穴、合谷穴5秒。

1.2 呼救：一旦初步确定伤病者为心搏呼吸骤停，应立即招呼周围的人前来协助抢救。

1.3 放置适当体位：心肺复苏正确的抢救体位是仰卧位，若伤病者面部向下，使其全身各部成一个整体转动，躺在平整而坚实的地面或床板上，注意保护其颈部。

1.4 畅通呼吸道：救护者一手置于伤病者前额使头部后仰，另一手的食指与中指置于颌骨近下颏或下颌角处，抬起下颏（颌）。

1.5 人工呼吸

(1) 判断有无呼吸：维持开放气道位置，用耳贴近伤病者口鼻，头部侧向伤病者胸部。眼睛观察伤病者胸部有无起伏，面部感觉伤病者呼吸道有无气体排出，耳听伤病者呼吸道有无气流通过的声音。

(2) 口对口人工呼吸：保持伤病者呼吸道通畅和口部张开；用按于前额一手的拇指与食指，捏闭伤病者的鼻孔；首先缓慢吹气两口，检验开放气道的效果；随后深吸一口气，张开口紧贴伤病者的嘴；用力吹气；一次吹气完毕后，应即与伤病者口部脱离，轻抬头部，眼视伤病者胸部，吸入新鲜空气，以便作下一次人工呼吸，同时放松捏鼻的手，以便伤病者从鼻孔呼气；每次吹入气量约为500~800毫升。

(3) 口对鼻人工呼吸：一手按于伤病者前额，使其头部后仰；另一手提起伤病者的下颌，并使其口部闭住；作一深呼吸，救护者用上下唇包住伤病者的鼻部，并进行吹气；停止吹气，让伤病者被动呼气。

1.6 胸外心脏按压

(1) 判断有无脉搏：维持开放气道位置；一手置于伤病者前额，使头部保持后仰，另一手触摸颈动脉；可用食指及中指指尖先触及气管正中部位，男性可先触及喉结，然后向旁滑移2～3厘米，在气管旁软组织深处轻轻触摸颈动脉脉搏。

(2) 实施胸外心脏按压术：按压胸骨中下1/3交界处；救护者双臂应绷直，双肩在伤病者胸骨上方正中，垂直向下用力按压，按压利用髋关节为支点，以肩、臂部力量向下按压；按压要有规律、不间断，下压及向上放松时间应大致相等，放松时定位的手掌根部不要离开胸骨定位点，但应尽量放松；按压频率100次/分；成人患者按压深度为4～5厘米。

(3) 判断心肺复苏是否有效：瞳孔由大变小；面色由紫绀转为红润；每一次按压可摸到一次搏动，若停止按压，搏动亦消失，应继续按压，若停止后脉搏仍跳动，则说明心跳已恢复；有眼球活动，睫毛反射与对光反射出现，若自主呼吸微弱，仍应坚持人工呼吸。

1.7 使用自动体外除颤器

(1) 解开伤病者胸前衣物，除去硝酸甘油贴膜及可导电金属饰物，确保胸部清洁干爽。

(2) 除颤器前放在伤病者身旁，将电极片保护膜去除，根据提示贴放电极片和电极，按下开关，启动除颤器。

(3) 将电线插头连接除颤器，电极片的黏贴位置在胸前和背后。

(4) 停止心肺复苏，提醒在场其他人士"请勿接触伤病者"，等待除颤器分析心律。

(5) 若除颤器显示"建议电击"，应再次大声提醒旁人"请勿接触伤病者"，同时确认没有人与伤病者直接或间接接触。

(6) 按下"电击"键，除颤后继续施行心肺复苏。

(7) 若除颤器显示"不需电击"，立即施行心肺复苏，2分钟后，重复分析心律步骤。

2.指压止血

2.1 头顶部出血：一侧头部出血时，在同侧耳前，对准耳屏上前方1.5厘米处，用拇指压迫颞浅动脉止血。

2.2 颜面部出血：一侧颜面部出血时，用拇指和食指压迫双侧下颌骨与咬肌前缘交界处的面动脉止血。

2.3 鼻出血：用拇指和食指压迫鼻唇沟与鼻翼相交的端点处，伤病者头仰起。

2.4 头面部出血：一侧头面部出血时，用拇指或并拢四个手指按压同侧气管外侧与胸锁乳突肌前缘中段之间，将颈总动脉压向颈椎止血。

2.5 腋部和上臂出血：用拇指压迫同侧锁骨上窝中部的搏动点（锁骨下动脉）至深处的第一肋骨止血。

2.6 前臂出血：抬高患肢，用四指压迫上臂内侧肱动脉末端止血。

2.7 手掌出血：自救时，抬高患肢，用健手拇指、食指分别压迫手腕部内外侧尺动脉和桡动脉止血；互救时，救护者可用两手拇指分别压迫手腕部的尺动脉和桡动脉止血。

2.8 手指出血：将伤肢抬高，用食指、拇指分别压迫手指掌侧的两侧指动脉止血。

2.9 大腿部出血：大腿部动脉出血，自救时，可用双手拇指重叠用力压迫大腿上端腹股沟中点稍下方股动脉止血；互救时，救护者可用手掌根部压迫，另一手重叠在该手背上合力压迫股动脉止血。

2.10 足部出血：用两手拇指分别压迫足背中部近足腕处（胫前动脉）和足跟内侧与内踝之间（胫后动脉）止血。

3. 徒手搬运伤员

3.1 单人搬运法

(1) 扶行法：救护者站在伤病者一侧，一手将伤病者手拉放在自己肩部，另一手扶着伤病者，同步前进。

(2) 抱行法：救护者将伤者抱起行进。

(3) 背负法：救护者将伤者背起行进，不适用于胸腹部负伤者。

(4) 拖行法：救护者位于伤者头部，分别用两手拖住伤者双肩上衣，将伤者拖出，称为拖衣法；救护者两手把住伤者双肩关节下将伤者拖出，称为拖肩法。

(5) 爬行法：救护者将伤病者双手腕用布带捆紧于救护者颈肩部，救护者将伤病者夹在双大腿之间，用救护者的双膝与双手掌撑地合力向前爬行，将伤病者救出。

3.2 双人徒手搬运法

(1) 四手座抬法：两名救护者的双手搭成杠轿式，使伤病者坐上双手抓牢救护者肩部，救护者同步将伤病者抬出。

(2) 三手座抬法：两名救护者中的一名救护者双手与另一名救护者的单手搭成杠轿，使伤病者坐上双手抓牢救护者肩部，单手救护者的另一只手可携行救护包后，救护者同步将伤病者抬出。

(3) 两手座抬法：两名救护者的前左右手搭成杠轿让伤病者乘坐，后左右手交叉搭紧贴于伤病者背部，伤病者两手抓牢救护者双肩，救护者同步将伤病者搬出。

(4) 前后扶持法：救护后者双臂从伤病者双侧腋下伸至胸前，握住伤病者重叠双手，救护前者双臂从伤病者膝下外侧挽起双小腿夹住救护前者的腰部，前后同步行走。

3.3 多人搬运法

(1) 三人搬运法：救护者三人同站伤员一侧，分别将伤病者颈部、背部、臀部、膝关节下、踝关节部位呈水平托起同步前进。

(2) 四人搬运法：救护者四人以上，每边两人面对面托住伤者的颈、肩、臀、腿部，同步向前运动。

（七）救援人员心理素质训练

训练方法：

讲授、观看录像、实践体验、自学。

核化救援专业部分

分 则

一、本部分适用于区级及以上民防核化救援专业队伍。

二、民防核化救援队伍专业训练实行周期制，每个训练周期为4年。年度训练时间不少于28个训练日196个训练小时。其中，业务理论学习不少于14个训练日98个训练小时；技能、专项及合成训练不少于8个训练日56个训练小时；演习不少于6个训练日42个训练小时。参训率要达到编成人数的80%以上。

三、民防核化救援队伍专业训练通常由本级组织，按照业务理论学习、技能训练、专项及合成训练三个部分进行。业务理论学习、技能训练、专项及合成训练通常采取个人自学、集中训练、岗位训练相结合的方式组织实施；民防核化救援队伍每年至少组织或参加1次单课目或多课目演习，由本级组织；每个训练周期至少组织或参加1次全系统、全要素、全过程的实战化演习或比武竞赛，由本级或上一级人民防空主管部门组织。

四、民防核化救援队伍专业训练成绩区分为个人成绩和单位成绩，采取"优秀、良好、及格、不及格"四级制评定。个人成绩由本单位评定，单位成绩由上一级人民防空主管部门评定。

专业训练考核在训练结束后统一组织，成绩通常按百分制计算，其中闭卷考试40分，实际操作60分。

演习考核根据各单位年度训练计划而定，成绩通常按百分制计算。

五、个人成绩由业务理论、技能训练、专项及合成训练成绩综合评定，取业务理论、技能、专项及合成训练成绩平均值。个人年度训练成绩90分(含)以上为优秀，80分(含)~ 90分(不含)为良好，60分(含)~80分(不含)为及格，60分(不含)以下为不及格。

六、单位训练成绩由个人年度训练成绩、参训率、训练准备与实施、训风考风演风等要素综合评定，其中训练准备与实施、训风考风演风依据评分细则评定，评定标准为：

优秀：所有个人年度训练成绩均为良好以上且优秀率不低于40%，或者所有个人年度训练成绩均为及格以上且优秀率不低于70%，参训率皆不低于80%，训练准备与实施、训风考风演风成绩均为优秀。

良好：所有个人年度训练成绩均为及格以上且优良率不低于60%，参训率不低于75%，训练准备与实施、训风考风演风成绩均为良好以上。

及格：80%以上个人年度训练成绩均为及格以上，参训率不低于75%，训练准备与实施、训风考风演风成绩均为良好以上。

不及格：达不到及格标准。

凡年度训练计划规定的内容，要全面训练，逐一考核，无故不参加训练考核者，其成绩评为不合格。

七、其他承担本市民防核化救援任务的队伍，参照本大纲组织训练。

核化救援年度训练时间分配参考表

区　分	课　目	时间（小时）	
业务理论学习	危险化学品常识	14	98
	核与辐射常识	14	
	核生化武器常识	4	
	JY毒剂检定	7	
	器材装备常识	4	
	化学品燃烧及其特征	3	
	化学品爆炸及其特征	3	
	气象条件及气体扩散	3	
	危险化学品发生泄漏时的处置方法	4	
	危险化学品发生火灾时的处置方法	4	
	有限空间的危害及核化事故处置	4	
	化学恐怖袭击处置程序及要领	4	
	核恐怖袭击处置程序及要领	4	
	处置废弃危险化学品的基本要求及方法	3	
	个人防护与洗消常识	4	
	现场侦检及作业程序	4	
	本市常见灾害事故特点与处置	4	
	人防工程核生化防护	7	
	核化事故（事件）人员疏散	4	
技能训练	民用侦检仪器操作使用	7	25
	JY检测仪器操作使用	7	
	侦检管使用	7	
	洗消和防护器材维护保养	4	
专项及合成训练	化学事故救援演练	7	31
	化学恐怖袭击事件处置演练	7	
	核辐射事故（恐怖袭击事件）应急演练	7	
	未知化学品的识别	4	
	失控放射性物质的寻检	6	
演习		42	42
核化救援年度训练总时间		196	196

训练大纲

（一）业务理论学习

课目一　危险化学品常识

条件　相应的教材；电教器材；室内。

内容　1.危险化学品危害。

2.危险化学品的分类、标志及固有危险性。

3.危险化学品生产、使用中的危险性。

4.各类危险化学品泄漏、火灾事故的处置方法。

标准　熟悉危险化学品常识，熟悉危险化学品分类及其特点，熟悉各类危化品事故的处置方法，了解危化品在生产使用过程中的危险性。

方法　讲授、观看录像、自学。

考核　笔试或口试。90分优秀、80分良好、60分及格、60分以下不及格。

课目二　核与辐射常识

条件　相应的教材；电教器材；室内。

内容　1.辐射是什么。

2.辐射的防护。

3.辐射的测量。

4.辐射与健康。

标准　了解辐射的产生与特性，掌握防护的原则和方法，熟知辐射剂量的限度，了解辐射会造成哪些健康效应。

方法　讲授、观看录像、自学。

考核　笔试或口试。90分优秀、80分良好、60分及格、60分以下不及格。

课目三　核生化武器常识

条件　相应的教材；电教器材；室内。

内容 1. 核武器常识。

2. 化学武器常识。

3. 生物武器常识。

标准 熟悉核武器的类型、爆炸方式和毁伤破坏效应，明确化学武器及毒剂类型、化学武器的危害形式和杀伤特点，了解生物武器的毒剂类型、危害形式和杀伤特点。

方法 讲授、观看录像、自学。

考核 笔试或口试。90 分优秀、80 分良好、60 分及格、60 分以下不及格。

课目四　JY毒剂检定

条件 相应的教材；电教器材；室内。

内容 1. 神经性毒剂检定。

2. 糜烂性毒剂检定。

3. 全身中毒性毒剂检定。

4. 失能性毒剂检定。

5. 窒息性毒剂检定。

6. 刺激剂检定。

标准 掌握用化验箱对各类毒剂检定的方法。

方法 讲授、观看录像、自学。

考核 笔试或口试。90 分优秀、80 分良好、60 分及格、60 分以下不及格。

课目五　器材装备常识

条件 相应的教材；电教器材；室内。

内容 1. 侦检管的原理及其使用要领。

2. 侦检仪器（常用）的原理及其使用要领。

3. 侦毒器的使用要领。

标准 熟悉侦检管、JY侦毒器及常用侦检器材的原理，熟悉使用要领及其维护保养知识。

方法 讲授、观看录像、自学。

考核 笔试或口试。90分优秀、80分良好、60分及格、60分以下不及格。

课目六 化学品燃烧及其特征

条件 相应的教材；电教器材；室内。

内容 1.危险化学品燃烧的条件。

2.危险化学品燃烧的形式。

3.危险化学品燃烧的特点。

4.可燃气体、可燃蒸气、可燃粉尘的燃烧危险性。

标准 掌握化学品燃烧的条件、形式和特点。

方法 讲授、观看录像、自学。

考核 笔试或口试。90分优秀、80分良好、60分及格、60分以下不及格。

课目七 化学品爆炸及其特征

条件 相应的教材；电教器材；室内。

内容 1.危险化学品爆炸的特征。

2.危险化学品爆炸的分类。

3.危险化学品爆炸的破坏作用。

标准 掌握危险化学品爆炸的特征、分类好破坏作用，掌握常见危化品的爆炸极限。

方法 讲授、观看录像、自学。

考核 笔试或口试。90分优秀、80分良好、60分及格、60分以下不及格。

课目八　气象条件与气体扩散

条件　相应的教材；电教器材；室内。

内容　1. 与气体扩散有关的气象知识。

2. 气体在不同地理环境中的扩散形式。

3. 气象条件对气体扩散的影响。

标准　了解相关的气象知识，了解气体的各种扩散形式，掌握气体在不同气象条件下的扩散特点。

方法　讲授、观看录像、自学。

考核　笔试或口试。90 分优秀、80 分良好、60 分及格、60 分以下不及格。

课目九　危险化学品发生泄漏时的处置方法

条件　相应的教材；电教器材；室内。

内容　1. 危险化学品泄漏事故中的疏散距离。

2. 各类危险化学品泄漏的现场处理方法。

3. 各种条件下堵漏方法。

标准　基本确定危险化学品泄漏事故时的疏散距离，掌握各类危险化学品泄漏的现场处理方法，了解各种堵漏方法。

方法　讲授、观看录像、自学。

考核　笔试或口试。90 分优秀、80 分良好、60 分及格、60 分以下不及格。

课目十　危险化学品发生火灾时的处置方法

条件　相应的教材；电教器材；室内。

内容　1. 危险化学品发生火灾时的疏散距离。

2. 危险化学品发生火灾时外围气体检测项目及其标准。

3. 火灾现场的注意事项。

标准 基本确定危险化学品火灾事故时的疏散距离，掌握各类危险化学品火灾时的侦检项目及其标准，掌握火灾现场的自我防护及注意事项。

方法 讲授、观看录像、自学。

考核 笔试或口试。90 分优秀、80 分良好、60 分及格、60 分以下不及格。

课目十一 有限空间的危害及核化事故处置

条件 相应的教材；电教器材；室内。

内容 1. 有限空间的危害来源、种类、特点。

2. 有限空间核化事故处置时的个人防护。

3. 有限空间核化事故处置时协同 。

4. 有限空间核化事故侦检要领。

标准 了解有限空间的危害来源、种类、特点，掌握有限空间核化事故处置时的个人防护和协同，掌握有限空间核化事故侦检要领。

方法 讲授、观看录像、自学。

考核 笔试或口试。90 分优秀、80 分良好、60 分及格、60 分以下不及格。

课目十二 化学恐怖袭击处置程序及要领

条件 相应的教材；电教器材；室内。

内容 1. 化学恐怖袭击的特点。

2. 化学恐怖袭击的征兆。

3. 现场处置措施 。

标准 了解化学恐怖袭击的特点、征兆，掌握可能用于恐怖袭击的化学毒物的特点，熟悉现场处置的措施。

方法 讲授、观看录像、自学。

考核 笔试或口试。90 分优秀、80 分良好、60 分及格、60 分以下不及格。

课目十三 核恐怖袭击处置程序及要领

条件 相应的教材；电教器材；室内。

内容 1.核恐怖袭击的特点。

2.核恐怖袭击的征兆。

3.现场处置措施。

4.核恐怖袭击早、中、晚各阶段的核监测要求。

标准 了解核恐怖袭击的特点、征兆，熟悉现场处置的措施，掌握核恐怖袭击早、中、晚各阶段的核监测的具体要求。

方法 讲授、观看录像、自学。

考核 笔试或口试。90 分优秀、80 分良好、60 分及格、60 分以下不及格。

课目十四 处置废弃危险化学品的基本要求及方法

条件 相应的教材；电教器材；室内。

内容 1.废弃危险化学品的危害特性。

2.废弃危险化学品初步鉴别。

3.废弃危险化学收集、包装及运输的要求。

标准 了解废弃危险化学品的危害特性和收集、包装及运输的要求，掌握初步鉴别的方法。

方法 讲授、观看录像、自学。

考核 笔试或口试。90 分优秀、80 分良好、60 分及格、60 分以下不及格。

课目十五 个人防护与洗消常识

条件 相应的教材；电教器材；室内。

内容　1. 防护器材的分类。

　　　　2. 个人防护器材的结构、原理、性能、维护、使用及保养知识。

　　　　3. 防护器材使用与检查的要求。

　　　　4. 常用的洗消剂与洗消方法。

标准　了解防护器材的分类，熟悉各类防护器材的性能及使用、保养知识，熟悉各类防护器材的使用与检查要求，掌握常用的洗消剂与洗消方法。

方法　讲授、观看录像、自学。

考核　笔试或口试。90 分优秀、80 分良好、60 分及格、60 分以下不及格。

课目十六　现场侦检及作业程序

条件　相应的教材；电教器材；室内。

内容　1. 进入待侦检区域前的准备工作。

　　　　2. 现场快速侦检的主要项目。

　　　　3. 危害区域的划分。

标准　熟悉侦检前的各项准备工作，熟悉快速侦检主要项目，能结合相关资料对危险区域进行划分。

方法　讲授、观看录像、自学。

考核　笔试或口试。90 分优秀、80 分良好、60 分及格、60 分以下不及格。

课目十七　本市常见灾害事故特点与处置

条件　相应的教材；电教器材；室内。

内容　1. 本市常见灾害事故的种类及特点。

　　　　2. 本市常见灾害事故的处置。

标准　了解本市常见灾害事故特点与处置相关内容。

方法 讲授、观看录像、自学。

考核 笔试或口试。90 分优秀、80 分良好、60 分及格、60 分以下不及格。

课目十八 人防工程核生化防护

条件 相应的教材；电教器材；室内。

内容 1. 人防工程概述。

2. 人防工程设施。

3. 人防工程的管理使用。

标准 了解人防工程的含义与作用及分类分级，熟悉人防工程设施及使用，掌握核生化防护要求。

方法 讲授、观看录像、自学。

考核 笔试或口试。90 分优秀、80 分良好、60 分及格、60 分以下不及格。

课目十九 人员疏散

条件 相应的教材；电教器材；室内。

内容 1. 人员疏散的意义。

2. 疏散安置与分区防护内容。

3. 人防部门在人员疏散安置中的主要工作。

标准 了解人员疏散的意义，熟悉人防部门在人员疏散安置中的主要工作，掌握疏散安置与分区防护内容。

方法 讲授、观看录像、自学。

考核 笔试或口试。90 分优秀、80 分良好、60 分及格、60 分以下不及格。

（二）技能训练

课目一 民用侦检仪器操作使用

条件 室内、室外；侦检仪器（有机气体检测仪、复合式气体检测仪、放射性检测仪、伽马能谱仪、色质联用仪、拉曼光谱仪）；毒剂；毒剂模拟剂；放射源；模拟放射源；个人防护装备。

内容 1. 有机气体检测仪操作使用。

2. 复合式气体检测仪操作使用。

3. 放射性检测仪操作使用。

4. 伽马能谱仪操作使用。

5. 色质联用仪操作使用。

6. 拉曼光谱仪操作使用。

标准 准确使用侦检仪器，掌握仪器的基本设置、清洁空气标定等。

方法 讲授、练习、自学。

考核 由本级或上级部门组织实施。实际操作。

课目二 JY检测仪器操作使用

条件 室内、室外；检测仪器（侦毒器、含磷毒剂报警器、辐射仪、化验箱）；毒剂；毒剂模拟剂；放射源；个人防护装备。

内容 1. 侦毒器操作使用。

2. 含磷毒剂报警器。

3. 辐射仪操作使用。

4. 化验箱操作使用。

5. 取样操作

标准 准确使用检测仪器，掌握仪器的基本设置、故障排除等，熟练掌握侦毒器的基本操作和对毒剂的侦检方法。

方法 讲授、练习、自学。

考核 由本级或上级部门组织实施。实际操作。

课目三 侦检管使用

条件 室外；侦检管、采样器；个人防护装备。

内容 1. 侦检管使用活塞型手泵的操作。

2. 侦检管使用手压气泵式采样器的操作。

标准 准确使用侦检管，准确选择采样点，掌握抽气速度，准确读数。

方法 讲授、练习、自学。

考核 由本级或上级部门组织实施。实际操作。

课目四 洗消和防护器材维护保养

条件 室内、室外；洗消剂、防护盒、洗眼器、酒精棉、肥皂、滑石粉；个人防护装备。

内容 1. 洗消技术。

2. 防护器材维护保养。

标准 熟练掌握对人员消毒的技能和防护器材的维护保养方法。

方法 讲授、练习、自学。

考核 由本级或上级部门组织实施。实际操作。

（三）专项及合成训练

课目一 化学事故救援演练

条件 模拟化学事故现场；烟雾；室外。

内容 1. 化学品泄漏事故现场侦检分队的侦检。

2. 化学品火灾事故现场侦检分队的侦检。

3. 地下空间化学事故的侦检。

标准 能够制定化学事故救援方案、实施计划，正确选择个人防护器材，严格按照侦检作业程序进行操作，提出处置建议。

方法 讨论、方案制定、推演、合成演练。

考核 由本级或上级部门组织实施，实际操作。

课目二 化学恐怖袭击事件处置演练

条件 模拟化学恐怖袭击事件现场；烟雾；室外。

内容 1.依据给出的征兆，判断可能的毒物类别。

2.严格按照侦检作业程序进行操作。

标准 正确选择个人防护器材，严格按照预案要求及侦检作业程序进行操作，提出处置建议。

方法 讨论、方案制定、推演、合成演练。

考核 由本级或上级部门组织实施。实际操作。

课目三 核辐射事故（恐怖袭击事件）应急演练

条件 模拟核恐怖袭击事件现场；烟雾；室外、放射性防护器材、辐射检测仪。

内容 核事故和核恐怖袭击处置要领

标准 按照应急预案要求，制定应急计划，熟练掌握利用现有装备器材对核事故辐射进行监测的程序与方法，提出处置建议。

方法 讨论、方案制定、推演、合成演练。

考核 由本级或上级部门组织实施。实际操作。

课目四 未知化学品的识别

条件 常见化学品；室外。

内容 1.依据给出的征兆，判断可能的化学品类别。

2.现场快速侦检，确定化学品类别。

3.判断化学品来源。

标准 正确进行个人防护，确定化学品种类，判断化学品来源，提出处置建议。

方法 讨论、方案制定、演练。

考核 由本级或上级部门组织实施。实际操作。

课目五　失控放射性物质的寻检

条件　常见放射性物质；室外。

内容　1. 依据给出的征兆，判断可能的放射性类别。

2. 现场快速侦检，确定放射性核素种类。

3. 寻找辐射源头。

标准　正确进行个人防护，确定放射性种类，找到辐射源头，提出处置建议。

方法　讨论、方案制定、演练。

考核　由本级或上级部门组织实施。实际操作。

考核细则

（一）业务理论学习

理论考核由本级或上级部门组织测试，采用笔试或口试的形式。90分优秀、80分良好、60分及格、60分以下不及格。

（二）技能训练

课目一　民用侦检仪器操作使用

1. ppbRAE3000操作使用

1.1 不会开关机的，不合格。

1.2 不会零点标定的扣20分。

1.3 零点标定超时的扣20分。

1.4 不会报警设置的扣20分。

1.5 报警设置超时的扣20分。

2. MultiRAE操作使用

2.1 不会开关机的，不合格。

2.2 不会零点标定的扣20分。

2.3 零点标定超时的扣20分。

2.4 不会报警设置的扣20分。

2.5 报警设置超时的扣20分。

3. 辐射仪器（模拟辐射仪）操作使用

FFS06型辐射仪；G1110辐射仪；6150AD放射性检测仪打开、校准、模式选择、读数操作符合要求，测量判断误差在±30%以内，读数准确，完成作业时间不超过3分钟为100分。

3.1 防护不符合要求扣5~11分。

3.2 移动速度不符合要求各扣5分。

3.3 探头与被测对象距离不符合要求各扣5分。

3.4 探头外罩碰触练习架每次扣5分。

3.5 检查顺序错乱或者每漏测1棒各扣5分。

3.6 窗口不能始终对向被测对象扣5分。

3.7 听声判断错1个点扣21分、错2个点扣41分。

3.8 每读错1个数据扣11分。

3.9 作业时间每超过2秒扣1分。

4. 对人员沾染检查

操作符合要求，判断与测量准确，完成作业时间不超过2分30秒（每增减1个沾染点时间相应增减20秒，夜间作业时间增加30秒）为100分。

4.1 防护不符合要求扣5～11分。

4.2 未测或者不会测本底扣10分。

4.3 受染程度是否超过沾染水平限值判断错误扣41分。

4.4 测量误差超出±20%每点扣11分。

4.5 探头碰触被测量对象每次扣5分。

4.6 每多报或者漏报1个沾染点扣11分。

4.7 操作不符合要求扣5分。

4.8 夜间作业使用灯光不合理扣5～11分。

4.9 作业时间每超过3秒扣1分。

5. 对车辆沾染检查

操作熟练，测量准确，对救援车沾染检查作业时间不超过5分钟（对其他型号运输车沾染检查根据实际适当增减作业时间，每增减1个沾染点时间增减20秒，夜间作业时间增加1分20秒）为100分。

5.1 防护不符合要求扣5～11分。

5.2 未测或者不会测本底扣10分。

5.3 受染程度是否超过沾染水平限值判断错误扣41分。

5.4 测量误差超出±20%每点扣11分。

5.5 探头碰触被测量对象每次扣5分。

5.6 每多报或者漏报1个沾染点扣11分。

5.7 操作不符合要求扣5～11分。

5.8 夜间作业使用灯光不合理扣5～11分。

5.9 作业时间每超过3秒扣1分。

6. 对粮秣、水源的取样测量

操作符合要求，动作熟练，测量结果准确（允许误差为±10%），完成作业时间不超过5分钟（夜间作业时间增加1分钟）为100分。

6.1 防护不符合要求扣5～11分。

6.2 未测或者不会测本底扣10分。

6.3 每个点测量结果错误扣41分。

6.4 取样不符合要求扣5分，未取样扣11分。

6.5 窗口未正对被测对象或者距离不当各扣5分。

6.6 探头碰触被测对象每次扣5分。

6.7 夜间作业使用灯光不合理扣5～11分。

6.8 作业时间每超过3秒扣1分。

7. 测量剂量率

动作熟练，结果正确，记录完整准确，完成作业时间不超过3分钟（每增减1个测量点时间增减1分钟，夜间作业时间增加30秒）为100分。

7.1 防护不符合要求扣5～11分。

7.2 测量动作不规范、不协调扣5～11分。

7.3 读数时机不当扣5～11分。

7.4 测量结果每错1个点扣21分。

8. 色质联用仪操作使用

8.1 不会开关机的，不合格。

8.2 气瓶放入错误的扣10分。

8.3 不会将仪器与电脑联网的扣20分。

8.4 不会运行SURVEY分析模式的扣20分。

8.5 不会运行ANLYZE分析模式的扣20分。

8.6 不会顶空与HAPSITE的连接的扣10分。

8.7 不会顶空方法运行的扣10分。

8.8 不会手动调谐的扣10分。

9. 拉曼光谱仪操作使用

9.1 不会开关机的，不合格。

9.2 不会选择快速鉴定和手动鉴定的扣30分。

9.3 不会调整激光功率和积分时间的扣30分。

9.4 不会使用自定义数据库的扣30分。

9.5 不会自校准的扣20分。

课目二 JY检测仪器操作使用（见分册）

1. 侦毒器操作使用。

2. 含磷毒剂报警器操作使用。

3. 辐射仪操作使用。

4. 化验箱操作使用。

5. 取样操作。

课目三 侦检管使用

1. 侦检管使用活塞型手泵的操作

1.1 未检查气密性的扣10分。

1.2 侦检管插入方向错误的扣20分。

1.3 损坏侦检管的扣20分。

1.4 目标体积刻线选择错误的扣30分。

2.侦检管使用手压气泵式采样器的操作

2.1 未检查气密性的扣10分。

2.2 侦检管插入方向错误的扣20分。

2.3 损坏侦检管的扣20分。

2.4 吸进气体目标体积错误的扣30分。

课目四　洗消和防护器材维护保养

1.洗消技术

1.1 人员消毒

(1) 消毒液配比不对，扣30分。

(2) 消毒液选择错误，扣30分。

(3) 消毒顺序不对，扣30分。

(4) 消毒时间不足，扣30分。

1.2 人员和装备器材去污

(1) 沾染检查程序不正确、方法不合理各扣5~11分。

(2) 结果错误扣41分。

(3) 洗消建议不合理扣5~11分。

(4) 沾染检查程序不正确、方法不合理各扣5~11分。

(5) 沾染检查统计表填写不准确扣5~11分。

(6) 洗消建议不合理扣5~11分。

(7) 沾染检查统计表填写不准确扣5~11分。

(8) 洗消不彻底，未达到要求扣41分。

(9) 作业时间超过规定10%扣21分，超过20%扣41分。

2.防护器材维护保养

2.1 面具的维护保养

(1) 干燥方式错误，扣10分。

(2) 漏装组件，不合格。

(3) 滤毒罐底塞未扣好的扣20分。

(4) 清洗试剂选择错误，不合格。

2.2 防化服的维护保养

(1) 干燥方式错误，扣10分。

(2) 保存方式错误，扣20分。

(3) 漏装组件，不合格。

（三）专项及合成训练

课目一　化学事故救援演练

根据给定的化学事故类型，科学制定应急计划和处置程序，在规定的时间内按照既定程序完成侦检处置，符合标准为合格，否则为不合格。

1. 制定方案具备可行性，实施措施具备可操作性。20分

2. 指挥领导有力，下定决心果断、情况研判正确、队伍配合熟练行动协调。20分

3. 个人防护严密、快速。队伍侦检严格按照程序进行操作。30分

4. 侦检结论正确，处置措施得当。20分

5. 人员救护与洗消。10分

课目二　化学恐怖袭击事件处置演练

根据给定的化学恐怖袭击情况，科学制定应急计划和处置程序，在规定的时间内按照既定程序开展侦检处置工作，完成危险源的寻找与封控，采样与分析，确定化学物质种类，人员疏散与中毒人员急救，污染区域洗消等。演练符合标准为合格，否则为不合格。

1.制定方案具备可行性，实施措施具备可操作性。20分

2.指挥领导有力，下定决心果断、情况研判正确、队伍配合熟练行

动协调。20分

3. 个人防护严密、快速。队伍侦检严格按照程序进行操作。30分

4. 侦检结论正确，处置措施得当。20分

5. 救护与洗消。10分

课目三 核辐射事故（恐怖袭击事件）应急演练

根据接收到的事故类型，科学制定应急计划和处置程序，在规定的时间内完成检测程序并报告，符合标准为合格，否则为不合格。

1. 个人防护严密迅速。10分

2. 以10μSv/h剂量率作为边界线依据。10分

3. 指导现场人员进行简单防护，有序疏散至安全地区进行登记，等待其他检测力量及医务人员对沾污情况进行评估。10分

4. 对受核袭击现场实施及时和不间断的辐射检测，查明辐射危害的种类、范围、程度；查明并标出不同等级沾染区域。10分

5. 回收放射性物质。在专家的指导下，配合安监环保等部门采取隔离、屏蔽、封装等措施，回收和处置放射性物质。10分

6. 洗消去污彻底。对受污染人员（包括伤员）、交通工具、物品、环境介质、食品饮用水等进行洗消去污处理。10分

7. 处置工作结束后，将事件处置经过及有关资料进行收集汇总整理分析，写出总结报告，按照规定时限报告范围上报。10分。

8. 方案科学、指挥得当、配合默契。30分

课目四 未知化学品的识别

根据给定的异味情况，科学制定处置方案，根据既定程序通过侦检等措施找到异味源确定异味类型分析异味物质成分为合格，否则为不合格。

1. 制定方案具备可行性，实施措施具备可操作性。20分

2. 指挥领导有力，下定决心果断、情况研判正确、队伍配合熟练行

动协调。20分

3. 个人防护严密、快速。队伍侦检严格按照程序进行操作。30分

4. 能依据给定的情况或现场情况判断化学品种类。侦检快速，确定化学品类别。取样分析，确定化学品成分。通过巡查、仪器侦检找到、确定异味源头。30分

课目五 失控放射性物质的寻检

根据接收到的事故类型，科学制定应急计划和处置程序，在规定的时间内完成检测程序并报告，确定放射源种类为合格。

1. 个人防护严密迅速。10分

2. 以10μSv/h剂量率作为边界线依据。10分

3. 指导现场人员进行简单防护，有序疏散至安全地区进行登记，等待其他检测力量及医务人员对沾污情况进行评估。10分

4. 对现场实施及时和不间断检测，确定放射源种类，划定放射性污染范围。10分

5. 回收放射性物质。在专家的指导下，配合安监环保等部门采取隔离、屏蔽、封装等措施，回收和处置放射性物质。10分

6. 洗消去污彻底。对受污染人员（包括伤员）、交通工具、物品、环境介质、食品饮用水等进行洗消去污处理。10分

7. 处置工作结束后，将事件处置经过及有关资料进行收集汇总整理分析，写出总结报告，按照规定时限报告范围上报。10分

8. 方案科学、指挥得当、配合默契。30分

训练方法

（一）业务理论学习

训练以讲授、观看录像、自学等方式进行。

（二）技能训练

课目一　民用侦检仪器操作使用

训练方法：

1.有机气体检测仪操作使用

以ppbRAE3000手持式VOC气体检测仪为例：

1.1 仪器的开关：长按模式键打开仪器，显示屏打开时，松开模式键；按住模式键3秒后出现5秒倒计时的提示，读秒结束后松开模式键，"Unit off…"后，仪器马上关闭。

1.2 零点标定：长按模式键和N/−键，直到屏幕出现密码输入提示；基本用户模式下，无需密码，按模式键即可；选择零点标定菜单进入；打开零点标定气体开关，按Y/+键开始，标定后，倒计时30秒，仪器自动完成标定。

1.3 报警设置：长按模式键和N/−键，输入密码进入编程模式；按N/−键调到报警设置菜单，按Y/+键进入；按N/−键下滑报警限值子菜单；按Y/+键选择一个报警类型，随后出现最近保存过的报警限值，光标停在最左端的数位上；按Y/+键增加数值；按N/−键将光标移到下一个数位；再按Y/+键增加数值；重复操作至修改完毕。

1.4 故障处理

(1) 电池充电后无法正常运行：更换电池或重新充电。

(2) 蜂鸣器失效：检查蜂鸣器是否关闭。

(3) 出现提示"Lamp"：关闭仪器，然后重新开启。更换UV灯。

(4) 进气口气体流量小：检查气流通道是否漏气以及传感器O形圈、

采样管连接部位或管道压缩装置是否损坏。

2. 复合式气体检测仪操作使用

以（PGM-62X8）MultiRAE2 六合一气体检测仪为例：

2.1 仪器的开关：按住【MODE】键，直到报警声停止，然后松开【MODE】键；长按【MODE】键5秒，开始关闭倒计时，直至仪器关闭。

2.2 故障处理

(1) 电池充电后无法打开电源：更换电池或充电器，再次充电。

(2) 蜂鸣器、LED灯、振动马达无效：在编程模式下检查确认蜂鸣器/其他报警没有设置为关闭。

(3) 接通电源时显示"Lamp"信息，灯报警：关闭装置，然后重新开启。更换UV灯。

(4) 泵故障信息，泵报警：清除堵塞物，然后按Y/+键复位泵报警。更换被污染的除水过滤器。更换泵。

3. 放射性检测仪操作使用

以6150AD放射性检测仪为例：

3.1 操作：按每个键都要求按住至少0.25秒，快速敲击按键，系统将无法识别，原因就是6150AD键盘采样频率是4次/秒；处在仪器进入省电模式的时间期。

3.2 探测器接头锁定：当连接和断开探测器的时候，注意连接锁，该锁防止接头从接口中滑出，将接头推入接口中直到发出"咔嚓"的一声响，当断开接头时，抓住接头区域凹槽，然后松开锁部。

3.3 更换电池：打开电池隔间之前，必须按下盖板两端的螺丝，然后逆时针旋转45度。关闭时，按照凹槽排列螺丝于盖板上，轻轻按下盖板，按下螺丝并快速顺时针旋转，然后松开，这样里面的锁扣已经咬合了。安装时注意电池的极性。如果在相当长的时间内不用仪器，请取出电池。

3.4 自动电池提示：只要电池电压低于5.5伏，电池的电量即将耗尽，仪器发出声音和可视报警信号，连续的报警和LCD右上角闪烁的电池符号。按下信号键停止声音报警，但是电池符号继续闪烁，自动电池报警独立于仪器当前所处的状态。

3.5 on/off键功能：按on/off键开机，持续按下，显示LCD所有显示细节，出现蜂鸣声。

3.6 照明键：按照明键打开LCD背光灯，释放该键后，背光灯持续10秒后关闭，防止在明亮的环境下由于无意识的打开背光灯浪费电池能量。在背光灯未关闭之前按下照明键可以延长照明时间，因为释放该键后启动了另外一个10秒的照明时间，这也就是说在这个时间内你也无法关闭背光灯。

3.7 信号键（扬声器键）：信号键指派给报警器和可视信号，用来通知报警和选择报警限值，它依赖于6150AD当前运行的状态，包括信号键的本地功能。

3.8 功能键（方向键）：6150AD提供以下功能，也叫做仪器可以运行的功能。

(1) 显示剂量率（这是开机后的基态，或者在探测器连接或断开之后）。

(2) 显示剂量率平均值。

(3) 显示选择的剂量率报警限值。

(4) 显示剂量率最大值。

(5) 显示剂量。

(6) 显示并选择剂量报警限值（6150AD3/4/5/6）。

(7) 显示电池电压。

(8) 显示校准参数（固件为版本3的仪器还可以显示软件版本）。

按功能键可以从一个状态跳转到另一个状态，在最后的状态（校准参数）返回到基态（剂量率显示）；还可以在任意状态按下该键持续3秒返回基态。

3.9 剂量率显示：内置计数管，外接探测器。

3.10 剂量率平均值显示：剂量率平均值四位数显示，内置管：外接探测器。

3.11 显示和选择剂量率报警限值：剂量率报警限值显示采用3个数位显示，内置管：外接探测器。

3.12 剂量率最大值显示：剂量率最大值以3个数位显示，内置管：外接探测器。

3.13 剂量显示：剂量由三位数显示，6150AD3/4/5/6显示模拟条线图代表剂量，显示它达到的剂量报警的程度，内置管：外接探测器。

3.14 显示和选择剂量报警限值（6150AD3/4/5/6）：仅仅只有6150AD3/4/5/6提供剂量报警限值，显示数值为3位，内置管：外接探测器。右上角显示的扬声器符号代表显示数值与一个限值有关，而不是测量值；如果没有选择报警限值（剂量报警禁用），数字显示区域显示"OFF"。

4. 伽马能谱仪操作使用

以SIM-MAX G1110便携式伽玛能谱仪为例：

4.1 开机：按下电源按钮开启SIM-MAX G1110，伴随"嘀"的一声鸣响，液晶屏右上角的红色LED 灯点亮且仪器发出一声长鸣，同时触摸屏上显示出新漫传感技术研究发展有限公司Logo。

4.2 登录模式：SIM-MAX G1110 提供两种操作模式：用户、管理员。用户模式中允许执行该用户权限范围内的所有功能。管理员模式（专家模式）中则允许核安全检测专业人员设置本产品以作特殊用途，执行某些特殊的功能。登录以后，仪器立即开始探测伽玛射线。触摸屏默认显示为仪表盘界面，点击可选择调出对应不同工作界面的菜单，这些界面都基于实时取得的数据。下面分别详细介绍每个工作界面。

(1) 仪表盘界面：右上角从上到下依次显示伽玛计数率值（单位：CPS），剂量率值（单位：μSv/h）。当增配中子探测器后，在仪表盘界面及下面的工作界面中都会增加显示中子计数率。

(2) 核素识别界面：进入核素识别界面后，开始测量伽玛能谱，X轴表示道址，Y轴为计数坐标。进行核素识别前需要预先测量本底。为保证核素识别的准确度，进行核素识别前，建议先完成仪器校准，确保图标K/L出现后再进行核素识别。

(3) 本底界面：在实际探测区域获得本底谱是十分重要的，本底值是测量计数的评价基准，可用来评估核探测器所在工作区域的环境本底辐射水平。

(4) 搜寻界面：X轴为时间坐标（每个柱状条代表1秒），Y轴为计数率坐标（单位CPS），指示条按时间顺序从左往右移动。

(5) 关机：当SIM-MAX G1110处于开机状态时，用户只需按下电源按钮，SIM-MAX G1110将立即关机。

(6) 刻度校准：γ能谱仪探头模块的工作性能常受到环境温度变化的影响，在以下情况下（仪器开机使用了较长一段时间；当仪器长时间存放，需拿出仪器使用时）需对能谱进行实时刻度校准，即用选配的校准片进行校准。虽然该产品在出厂时经过校准，但在工作现场通过硬件或软件校准可进一步确保核素识别的准确度。仪器自开机起5~10分钟时间内自动完成高增益漂移校准后，仪表盘界面仪器校准图标K/L即可。

5. 色质联用仪操作使用

以（HAPSITE）便携式气相色谱/质谱仪为例：

5.1 仪器开机

(1) 将电源电缆插入HAPSITE左侧的四芯插口中，注意红点对红点。

(2) 用拇指打开主机面板。

(3) 插入载气（紫色）和内标气（黄色），插入气瓶时，先用手按住"PUSH"按钮，然后用力推进气瓶，最后依次松开右手和左手，即可。

(4) 检查probe探头有没有接，若没有，插上探头（红点对红点）。

(5) 打开电源键（面板正面左下方）。

(6) 仪器自动调谐，调谐结束后，开机成功。

5.2 仪器与电脑联用

(1) 打开主机面板，按下无线电源按钮，"Radio"和"WLAN"边上的绿色指示灯应亮起，表明无线电源已开启。合上主机面板。

(2) 电脑软件添加仪器。

① 双击桌面上Smart IQ软件的快捷方式。

② 双击软件界面中的System。

③ 在PORT SETTING 中单击HAPSITE List。

④ 通过面板上显示的仪器序号，填入到Enter New HAPSITE Name or IP Adress的位置上，点击"Add"，会在上方的列表中显示出添加后的仪器型号，点击"OK"，即可添加当前仪器。

(3) 打开电脑无线，设置电脑IP地址，在HAPSITE 仪器面板的网络项中查看仪器IP 地址。在电脑里输入IP地址，把第三个IP地址加上128，其余不变。

(4) 在电脑软件中双击仪器型号图标(如H1869)，电脑与仪器联网成功。

5.3 仪器操作

(1) SURVEY分析

① 通过面板选择SURVEY单质谱运行的方法。

② 点击面板RUN SURVEY (单质谱)键。

③ 探头先远离气体样品，等谱图出来空白基线后由远到近靠近样本，一般SURVEY操作不超过2分钟。

④ 将探头尽可能的靠近样品，观察TIC计数必须在2×10^6以上才是真响应。

⑤ 出峰后，不要立刻停止方法，要把探头远离污染源一段时间，直到基线回到刚开始的水平。

(2) GCMS 分析

① 通过面板选择anlyze（色质分析）运行相对应的方法。

② 样品第一次进行检测分析时使用PPM级方法。

③ PPM级方法检测不出物质，使用PPB级方法。

④ 需要进行定性时选用standard，定量时选用quant。

⑤ 点击面板RUN ANALYZE (GCMS)键。

⑥ 探头靠近样品，至采样结束，仪器在分析出图谱当中不能中断。

⑦ 待图谱扫描分析结束，点击VIEW REPORT 查看分析结论。

(3) HSS 顶空分析

① 顶空与HAPSITE的连接

a.用顶空传输线把顶空与HAPSITE相连接，注意端口方向性及对准红点。

b.用Y线分别给HSS和HAPSITE 接上电源。

c.打开前面板，放入氮气瓶和电池。

d.找到POWER 按键，按一下即可打开电源，文字指示灯POWER亮，关上前面板。

② 准备样品

a. 样品瓶容积是40毫升，在里面装入20毫升的样品。

b.在瓶盖上加上黑色垫圈，固定针孔位置。

c.顶空小瓶放入顶空腔体内，盖上顶空黄色顶盖。

d.空的瓶作为冲净瓶放在1号位。

③ 顶空方法运行

a.把样品放入顶空里，预热一定时间（15～20分钟）。

b.打开顶空顶盖，提升针头组件，针头插入样品瓶中。

c.选择合适的运行方法。

d.点击RUN ANALYZE按键，进行样品分析。

e.待分析结束后，仪器提示把进样针移到1号位空瓶内进行冲净（冲净时间2分钟）。

④ 冲洗顶空

a.将传输线从HAPSITE ER 上断开。

b.插入满的氮气瓶。

c.按下FLUSH开关（FLUSH 开关是扳钮开关，一旦按下，即回原位）。

d.冲洗两个小时，再次按下FLUSH 开关终止冲洗。

e.重复运行空样，证实污染已被冲洗干净。

(4) 手动调谐

当仪器在开机准备时不能自动完成调谐时，可手动进行调谐。

① 把ACCSEE LEVEL 设置成高级模式：打开IQ软件，点击"工具"或"TOOL"，选择 SET ACCESS LEVEL，从下拉菜单上选 Advanced，点击"OK"。

② 双击调谐图标，选default.tun单击"OK"。

③ 查看Base Peak Gain (BPG) 基峰增益 (BPG)值，用EM（电子倍增器）电压调整BPG，每次调整量25伏，常规范围在1000～2000伏。使得 BPG值在0.4～0.6之间，最理想的值为0.5。

④ 调整靶分辨率，靶分辨率范围在0.85～1.10之间，每次调整0.05，使得实际百分栏在范围内，不出现红色栏。

⑤ 调整离子能量，每次调整5。

⑥ 每次更改后执行质量对数按F5，查看状态栏中显示OK。

⑦ 单击保存调谐文件名为default.tun，关闭手动调谐页面。

6.拉曼光谱仪操作使用

以（CR2000）手持式有毒有害物质识别仪为例：

6.1 开机：长按"开关机键"约5秒后松开，仪器即会开机进入检测主界面。

6.2 快速鉴定：开机后，把样品对准激光探头，在主界面通过导航键选择"快速鉴定"菜单，按照屏幕提示进行解锁或延时操作后即可开始测量，测量结束后，仪器会自动匹配并告知结果。

6.3 手动鉴定：开机后，按"设置键"进入设置菜单，通过导航键选择"基本设置"菜单，按"确认键"进入后调整激光功率和积分时间。按"返回键"返回主界面，把样品对准激光探头，在主界面通过导航键选择"手动鉴定"菜单，按照屏幕提示进行解锁或延时操作后即可开始测量，测量结束后，仪器会自动匹配并告知结果。

6.4 自建库功能

(1) 建库：样品测量完成后，在"导出数据"菜单，先按"确认键"导出数据至SD卡里，再按"确认键"即可弹出自定义数据库菜单，在菜单里选择键盘上字母输入样品名称，按"Save"结束输入，按"返回键"返回即可。

(2) 使用自定义数据库：按"设置键"进入设置菜单，通过导航键选择"库设置"菜单，按"确认键"进入，通过左右导航键在"选择库"栏选择"自建库"即可，返回主菜单即可使用自定义数据库来匹配未知样品。

6.5 自校准：在"其他设置"菜单里选择"自校准"，把校准物质聚苯乙烯棒放置在激光探头后，按"确认键"开始采集光谱，采集完成后仪器自动返回"其他设置"菜单，即可完成校准过程。

6.6 关机：返回至主界面，轻按"开关机键"即可弹出关机界面，按"确认键"仪器会在延时保存数据后关机进入待机模式，适用于短期内会再次使用仪器的情况；依次按上下左右键仪器会关机进入储存模式，适用于长期不使用仪器的情况，下次开机时需先插上USB线充电，才能按"开关机键"开机。

课目二　JY检测仪器操作使用(见分册)

训练方法：

1. 侦毒器操作使用。

2. 含磷毒剂报警器操作使用。

3. 辐射仪操作使用。

4. 化验箱操作使用。

5. 取样操作。

课目三　侦检管使用

训练方法：

1.侦检管使用活塞型手泵的操作

以LP-1200活塞型手泵为例：

1.1 使用前检查手泵气密性是否良好，如果漏气，可采取以下措施：前后盖是否拧紧？打开气筒盖，检查O形圈是否有磨损或扭曲 。

1.2检测时先折断检测管两端，零刻度端向外，另一端插入手泵插孔。

1.3 转动手泵手柄，两个红点对准，将手柄拉至目标体积刻线（50毫升或100毫升）处扣住，停留一分钟后退回手柄，根据色柱变色情况及刻度判断所测气体种类和浓度。

2.侦检管使用手压气泵式采样器的操作

以Modell 31手压气泵式采样器为例：

2.1 使用前检查采样器气密性是否良好。

2.2 检测时先折断检测管两端，零刻度端向外，另一端插入采样器插孔。

2.3 压缩气室后自动吸进气体，每冲程为100毫升，根据色柱变色情况及刻度判断所测气体种类和浓度。

课目四　洗消和防护器材维护保养

训练方法：

1.洗消技术

1.1 人员消毒

三合二澄清液：三合二澄清液腐蚀性小，通常用来对武器、技术装备消毒，必要时，可调成1∶10澄清液对皮肤消毒。澄清液的沉淀部分，可对工事、建筑物、舰艇、码头等粗糙物体表面消毒。

(1) 皮肤的消毒：对皮肤的消毒，可按吸、消、洗顺序实施。首先用防护盒中的纱布轻轻吸掉皮肤上的毒剂液滴，然后用细纱布浸渍皮肤消毒液，对染毒部位由外向里进行擦拭。重复消毒2～3次。数分钟后，用纱布或毛巾等浸上干净水，将皮肤消毒部位擦净。没有水时，也可用干纱布、纸等擦拭。无防护盒时，应迅速用棉花、布块、纸片等将明显毒剂液滴吸去，而后用肥皂水、碱水或清水冲洗。用汽油、酒精等擦拭染毒部位也有一定的效果。

(2) 眼睛和面部的消毒：深呼吸，憋住气，脱掉面具。立即用水冲洗眼睛。冲洗时，应闭住嘴，防止液体流入嘴内。对面部和面罩，可将皮肤消毒液浸在纱布上进行擦拭消毒。

(3) 伤口的消毒：立即用纱布将伤口内的毒剂液滴吸掉。肢体部位负伤，应在其上端扎上止血带或其他代用品，用皮肤消毒液加数倍水或用大量清水反复冲洗伤口，然后包扎。

(4) 服装、装具的消毒：用消毒液对服装染毒部位擦拭2~3分钟。紧急情况下无法消毒时，可将服装装具上的染毒部位用小刀割除，染毒严重时，应脱去或卸下。

1.2 人员和装备器材去污

(1) 对使用的仪表进行检查，将污染监测仪的声响输出设备打开，将探头放置在一个轻质的塑料袋或套中，防止探头被污染。

(2) 对人体表面进行放射性检测，如果表面污染水平大于4 Bq/cm²，（在100 cm²）进行平均，就确定该点需要去污。

(3) 当去污进行时，通过对污染区域的监测，来检查去污的过程及其有效性。依照下表进行去污。

受污染的位置	方法	技术
皮肤、手、体表	肥皂和冷水	洗2~3分钟后活度检查，2次
	肥皂、软毛巾和冷水、干的研磨剂	打出肥皂泡反复洗3次，2分钟，洗净后检测
	肥皂粉或清洁剂	制成糊状，加水进行适度擦洗
眼、耳、鼻	冲洗	眼：翻开眼皮，用水轻轻冲洗 耳：用棉签清洗耳道 嘴：用水漱口，不要咽下
头发	肥皂和冷水	洗2~3分钟后活度检查，2次
	肥皂、软毛刷、和水	打出肥皂泡反复洗3次，2分钟，洗净后检测
	剪发、剃头	剪掉头发，对皮肤进行去污

(4) 在去污工作完成后，必须进行后续测量，以保证放射性污染已经被去除，或者对于β/γ的发射体来讲污染水平已经小于4 Bq/cm²，对于α发射体小于0.4 Bq/cm²。

(5) 完成个人去污记录。

2. 防护器材维护保养

2.1 面具的维护保养

(1) 面具使用后，应立即用干净软布擦净镜片和面罩内的汗水以及其他脏物，尤其是镜片和呼气活门应保持清洁，若发现有头发、沙土等脏物，可小心将通话器盖拧下，取出呼气活门通话膜组件，浸入清水中清洗，并把通话器底部用干净擦布擦干净。清洗完毕后，按原样装好，并将盖子拧紧，经消毒、擦洗后的面具应放在阴凉干燥处晾干。

(2) 滤毒罐吸湿后其防毒性能会降低，故严禁进水，平时应拧紧罐盖，扣好底塞。

(3) 面具应储存在阴凉干燥的地方，不得放在火炉附近或在阳光下曝晒，不得接触有机溶剂，长期不用时罩体内应放上支架，以免变形。

2.2 防化服的维护保养

(1) 应按要领穿脱，不得强拉硬扯，防止撕裂。

(2) 每次使用后，应擦拭干净，放阴凉处晾干，不准曝晒或火烤。

(3) 较长时间不用时，应擦拭干净，橡胶部分抹上滑石粉，放在阴凉、干燥、通风处，避免与酸、碱、消毒剂等化学物品接触。

(4) 重型防化服可在30℃下用含有温和清洁剂的水清洗，在清洗前，移除阀、靴子、背部固定物、手套等，清洗干燥后再重新组装。

(5) 重型防化服的拉链用刷子沾水单独清洁，以去除毛发、头发、线头等异物。清洁完成后可将润滑油薄层涂覆在金属连接件上。

(6) 不许重压、乱摔或硬碰。

(7) 防化服不得滥用。如当雨衣、下水捞鱼等。

（三）专项及合成训练

课目一　化学事故救援演练

训练方法：

1. 救援演练方案和实施计划编制

在给定事故情况后，救援队伍根据给定的事故情况进行初步研判，制定救援方案，编制实施计划，明确人员分工，确保后续救援工作按照既定方案和实施计划有序进行。

2. 桌面推演

按照既定的救援方案和实施计划，用口头演练的方式在模拟情景中表现出来，检验应急预案、救援方案、实施计划的可行性。发现方案中的缺陷应及时进行完善补充。

3. 单科目训练

3.1 现场指挥部设置训练

根据现场地形、气象条件、事故情况，合理设置现场指挥部，便于组织领导开展救援工作。

3.2 指挥通信训练

通过训练达到指挥员按照救援方案、应急预案、实施计划指挥有力，命令果断，上下通信联络通畅。

3.3 个人防护训练

通过训练，确保救援人员防护严密与快速。

3.4 仪器使用训练

能熟练使用事故侦检过程中使用到的各种防护设备与检测仪器。

3.5 侦检作业训练

能严格按照侦检程序进行操作。

3.6 气象要素监测训练

能在事故现场全时段进行气温、风向、风速、湿度等气象要素的监测。

3.7 污染区划分训练

能熟练掌握污染区域重度染毒区、轻度染毒区、安全区的划分。

3.8 污染源控制训练

能熟练开展污染源的封闭和堵漏操作。

3.9 污染物处置训练

能熟练进行污染物的堵截、引流、覆盖、稀释、收容等操作。

3.10 洗消训练

能对受污染的设备、仪器、人员、事故现场进行必要的清洁与消毒操作。

3.11 人员救护与急救训练

能熟练进行受伤人员搬运、伤口包扎与固定、心肺复苏等急救操作。

4. 合成训练

多科目、多单元的联合训练。

5. 综合演练

按照给定的事故情况,完成整个事故救援处置的演练。

课目二 化学恐怖袭击事件处置演练

训练方法:

1. 救援演练方案和实施计划编制

在给定化学恐怖袭击情况后,救援队伍根据给定的情况进行初步研判,制定处置方案,编制实施计划,明确人员分工,确保处置工作按照既定方案和实施计划有序进行。

2. 桌面推演

按照既定的处置方案和实施计划,用口头演练的方式在模拟情景中表现出来,检验应急预案、处置方案、实施计划的可行性。发现方案中的缺陷应及时进行完善补充。

3. 单科目训练

3.1 现场指挥部设置训练

根据现场地形、气象条件、事件情况,合理设置现场指挥部,便于组织领导开展救援工作。

3.2 指挥通信训练

通过训练达到指挥员按照应急预案、处置方案、实施计划指挥有力，命令果断，上下通信联络通畅。

3.3 个人防护训练

通过训练，确保处置人员防护严密与快速。

3.4 仪器使用训练

能熟练使用各种防护设备及化学物质检测仪器及军用毒剂侦检器材。

3.5 气象要素监测训练

能在事件现场全时段进行气温、风向、风速、湿度等气象要素的监测。

3.6 侦检作业训练

能严格按照侦检程序进行操作，明确化学物质的种类。

3.7 污染区划分训练

能熟练掌握污染区域重度染毒区、轻度染毒区、安全区的划分。

3.8 危险源寻找与控制训练

能熟练开展危险源的寻找与封控。

3.9 洗消训练

能对受污染的设备、仪器、人员、事故现场进行必要的清洁与消毒操作。

3.10 人员救护与急救训练

能熟练掌握中毒人员急救措施和人员疏散。

4. 合成训练

多科目、多单元的联合训练。

5. 综合演练

按照给定事件情况，完成整个化学恐怖袭击事件的处置演练。

课目三 核辐射事故（恐怖袭击事件）应急演练

训练方法：

1. 应急响应、制定计划

1.1 事故研判：根据事故描述、现场询问、现场观察，能初步分析判断事故情况。

1.2 应急预案：根据应急预案程序，按照现场实际情况制定救援计划。

2. 桌面推演

按照制定的计划进行桌面推演，并做可行性判定。

3. 分科目处置

3.1 防护准备

根据事故情况正确选择相应的防护器材，按照防护要求，在规定时间（2分钟）内完成穿戴，做到防护严密。使用现有核辐射侦察装备，分别完成对核辐射恐怖袭击可疑区域的监测，将检测结果填写报告表并标绘在地（要）图上。

3.2 测量现场剂量率，明确辐射种类，并根据预案要求标出警戒范围。

3.3 进行取样分析，对现场放射性物质作定性定量分析。

4. 合成训练

多科目，多单元的联合训练。

5. 综合演练

5.1 按照制定方案，协调、配合完整地完成演习计划。

5.2 撤出现场，给出处置建议，配合安监环保等部门采取隔离、屏蔽、封装等措施，回收和处置放射性物质；由环保部门专业人员对放射源、放射性物质进行处置；协助当地公安部门进行刑侦，如有人员放射性污染和损伤的，通知卫生部门进行救援。

5.3 洗消，组织对受辐射人员、侦检仪器和防护设备进行洗消。对事发现场地面、建筑及建筑内进行洗消。

5.4 时间计算：自下达口令起，至作业完毕报告止（作业时间由组考者根据考核内容难易程度确定）。

课目四　未知化学品的识别

训练方法：

1. 救援演练方案和实施计划编制

在给定事故情况后，救援队伍根据给定的事故情况进行初步研判，制定处置方案，编制实施计划，明确人员分工，确保后续救援工作按照既定方案和实施计划有序进行。

2. 桌面推演

按照既定的救援方案和实施计划，用口头演练的方式在模拟情景中表现出来，检验应急预案、救援方案、实施计划的可行性。发现方案中的缺陷应及时进行完善补充。

3. 单科目训练

3.1 现场指挥部设置训练

根据现场地形、气象条件、事故情况，合理设置现场指挥部，便于组织领导开展处置工作。

3.2 指挥通信训练

指挥有力，命令果断，上下通信联络通畅。

3.3 气象要素判断训练

能使用必要器材判断异味现场的风向变化。

3.4 个人防护训练

根据现场情况进行必要的防护，做到防护严密与快速。

3.5 仪器使用训练

能熟练使用事故侦检过程中使用到的各种防护设备与检测仪器。

3.6 侦检作业训练

能严格按照侦检程序进行操作。

3.7 异味寻找训练

能熟练判别异味源方向，确定大致区域，进行异味源头查找作业。

3.8 洗消训练

能对受污染的设备、仪器、人员、事故现场，进行必要的清洁与消毒操作。

4. 合成训练

多科目、多单元的联合训练。

5. 综合演练

按照给定的异味情况，按时完成异味寻源并确定物质类别。

课目五 失控放射性物质的寻检

训练方法：

1. 应急响应、制定计划

1.1 事故研判：根据事故描述、现场询问、现场观察，能初步分析判断事故情况。

1.2 应急预案：根据应急预案程序，按照现场实际情况制定救援计划。

2. 桌面推演

按照制定的计划进行桌面推演，并做可行性判定。

3. 分科目处置

3.1 防护准备。根据事故情况正确选择相应的防护器材，按照防护要求，在规定时间（2分钟）内完成穿戴，做到防护严密。使用现有核辐射侦察装备，选择恰当的寻源方法。

3.2 测量现场剂量率，明确放射源种类，并根据预案要求标出警戒范围。

4. 合成训练

多科目、多单元的联合训练。

5. 综合演练

5.1 按照制定方案，协调、配合完整地完成演习计划。

5.2 撤出现场，给出处置建议，配合安监环保等部门采取隔离、屏蔽、封装等措施，回收和处置放射性物质；由环保部门专业人员对放射源、放射性物质进行处置；涉嫌恐怖活动的，协助当地公安部门进行刑侦，如有人员放射性污染和损伤的，通知卫生部门进行救援。

5.3 洗消，组织对受辐射人员和侦检仪器和防护设备进行洗消。对事发现场地面、建筑及建筑内等进行洗消。

5.4 时间计算：自下达口令起，至作业完毕报告止（作业时间由组考者根据考核内容难易程度确定）。

特种救援专业部分

分 则

一、本部分适用于区级及以上民防特种救援专业队伍训练。

二、民防特种救援队伍专业训练实行周期制，每个训练周期为4年。年度训练总时间不少于30个训练日210小时。其中，业务理论学习不少于5个训练日35个小时；专业技能训练不少于15个训练日105个小时；专项及合成训练不少于10个训练日70个小时。参训率要达到编成人数的70%以上。

三、民防特种救援队伍专业训练通常由本级组织，按照业务理论学习、技能训练、专项及合成训练三个部分进行。业务理论学习、技能训练、专项及合成训练通常采取个人自学、集中训练、岗位训练相结合的方式组织实施；民防特种救援队伍每年至少组织或参加1次单课目或多课目演习，由本级组织；每个训练周期至少组织或参加1次全系统、全要素、全过程的实战化演习或比武竞赛，由本级或上一级人民防空主管部门组织。

四、民防特种救援队伍专业训练成绩区分为个人成绩和单位成绩，采取"优秀、良好、及格、不及格"四级制评定。个人成绩由本单位评定，单位成绩由上一级人民防空主管部门评定。

专业训练考核在训练结束后统一组织，成绩通常按百分制计算，其中闭卷考试30分，实际操作70分。

五、个人成绩由业务理论、技能训练、专项及合成训练成绩综合评定，取业务理论、技能、专项及合成训练成绩平均值。个人年度训练成绩90分(含)以上为优秀，80分(含)~90分(不含)为良好，60分(含)~80分

(不含)为及格，60分(不含)以下为不及格。

六、单位训练成绩由个人年度训练成绩、参训率、训练准备与实施、训风考风演风等要素综合评定，其中训练准备与实施、训风考风演风依据评分细则评定，评定标准为：

优秀：所有个人年度训练成绩均为良好以上且优秀率不低于40%，或者所有个人年度训练成绩均为及格以上且优秀率不低于60%，参训率不低于80%，训练准备与实施、训风考风演风成绩均为优秀。

良好：所有个人年度训练成绩均为及格以上且优良率不低于55%，参训率不低于75%，训练准备实施、训风考风演风成绩均为良好以上。

及格：75%以上个人年度训练成绩均为及格以上，参训率不低于75%，训练准备与实施、训风考风演风成绩均为良好以上。

不及格：达不到及格标准。

凡年度训练计划规定的内容，要全面训练，逐一考核，无故不参加训练考核者，其成绩评为不合格。

七、其他承担本市民防特种救援任务的队伍，参照本大纲实行。

特种救援年度训练时间分配参考表

区 分	课 目	时间（小时）	
业务理论学习	救援装备常识	3	35
	绳索技术	6	
	马蜂窝摘除	2	
	人员搜索	6	
	现场警示与标记	2	
	现场救援技术	6	
	建筑物倒塌类型及生产空间	2	
	交通事故处置程序及要领	2	
	建筑物倒塌事故处置程序及要领	2	
	水上泄漏物处置程序及要领	2	
	民防工程事故处置程序及要领	2	
技能训练	破拆装备操作	15	105
	搜救装备操作	15	
	逃生救援装备操作	15	
	水上救援装备操作	15	
	顶撑装备操作	15	
	排烟装备操作	10	
	排水装备操作	10	
	应急照明装备操作	10	
专项及合成训练	民防工程救援合成训练	15	70
	建筑物倒塌救援合成训练	20	
	高楼逃生救援合成训练	20	
	水上救援处置合成训练	15	
年度训练总时间		210	210

训练大纲

（一）业务理论学习

课目一　救援装备常识

条件　相应的教材；室内。

内容　1.救援装备的用途与功能。

　　　　2.救援装备的构造与性能。

标准　熟练掌握装备用途、性能与各项技术参数。

方法　自学、集中学习。

考核　由本级或上级部门组织测试。笔试或口试。90分优秀、80分良好、60分及格、60分以下不及格。

课目二　绳索技术

条件　相应的教材；室内、室外。

内容　1.绳索的种类、使用和保养。

　　　　2.常用救援绳结的用途和打法。

　　　　3.上升、下降及保护系统的构建。

标准　1.熟悉不同绳索的种类，了解使用范围，掌握绳索的维护保养。

　　　　2.熟悉常用救援绳结的用途，掌握常用救援绳结的不同打法。

　　　　3.熟悉上升、下降和保护系统的各要素，能够构建人员上升、下降和保护系统。

方法　自学、集中学习。

考核　由本级或上级部门组织测试。笔试或口试。90分优秀、80分良好、60分及格、60分以下不及格。

课目三　马蜂窝摘除

条件　相应的教材；室内、室外。

内容　1.马蜂的习性及分类。

　　　　2.马蜂窝常用摘除方法。

3. 摘除马蜂窝的步骤。

4. 注意事项与紧急救护。

标准 1. 熟悉马蜂的习性、分类和危害。

　2. 熟悉马蜂窝的结构，掌握剿灭马蜂窝的常用方法。

　3. 掌握剿灭马蜂窝的程序和步骤。

　4. 熟悉马蜂蜇后的紧急救护，了解马蜂窝摘除中的注意事项。

方法 自学、集中学习。

考核 由本级或上级部门组织测试。笔试或口试。90分优秀、80分良好、60分及格、60分以下不及格。

课目四　人员搜索

条件 相应的教材；室内、室外。

内容 1. 搜索分区及重点。

　2. 搜索方式及方案制定。

　3. 搜索任务及步骤。

标准 1. 熟悉人员搜索的原则，了解搜索分区。

　2. 熟悉人员搜索的方式，制定搜索方案。

　3. 了解搜索分队的组成和任务，掌握各种搜索方法及其优缺点。

方法 自学、集中学习。

考核 由本级或上级部门组织测试。笔试或口试。90分优秀、80分良好、60分及格、60分以下不及格。

课目五　现场警示与标记

条件 相应的教材；室内、室外。

内容 1. 建筑物状态标记。

　2. 指示与禁令标记。

　3. 周围环境状态标记。

4. 搜索标记。

5. 受困者标记。

6. 警戒标记。

标准 1. 熟悉建筑结构分类标记和建筑物倒塌空区分类。

2. 熟悉周围环境状态标记，掌握指示与禁令标记。

3. 掌握各类搜索标记和受困者标记，掌握各类警戒标记。

方法 自学、集中学习。

考核 由本级或上级部门组织测试。笔试或口试。90 分优秀、80 分良好、60 分及格、60 分以下不及格。

课目六 现场救援技术

条件 相应的教材；室内、室外。

内容 1. 救援原则、分级和场地。

2. 顶撑支撑技术。

3. 破拆技术。

4. 钻孔技术。

5. 挖掘技术。

标准 1. 了解救援的原则、分级和救援场地划分。

2. 掌握支撑技术、钻孔技术、挖掘技术要点。

3. 了解破拆技术的分类、作用，掌握破拆技术要点。

方法 自学、集中学习。

考核 由本级或上级部门组织测试。笔试或口试。90 分优秀、80 分良好、60 分及格、60 分以下不及格。

课目七 建筑物倒塌类型及生存空间

条件 相应的器材；室内、室外。

内容 1. 建筑物结构破坏类型。

2. 震后危险建筑物的支撑。

3. 建筑倒塌类型及其生存空间。

标准 1. 了解建筑物结构破坏类型。

2. 掌握震后危险建筑物的支撑方式。

3. 熟悉建筑倒塌类型及其生存空间。

方法 自学、集中学习。

考核 由本级或上级部门组织测试。笔试或口试。90 分优秀、80 分良好、60 分及格、60 分以下不及格。

课目八 建筑物倒塌处置程序及要领

条件 相应的教材；室内、室外。

内容 1. 建筑物倒塌处置程序。

2. 安全要求及注意事项。

标准 1. 掌握建筑物倒塌处置的步骤及方法。

2. 注意救援的安全要求及注意事项。

方法 自学、集中学习。

考核 由本级或上级部门组织测试。笔试或口试。90 分优秀、80 分良好、60 分及格、60 分以下不及格。

课目九 交通事故处置程序及要领

条件 相应的教材；室内、室外。

内容 1. 交通事故处置程序及方法。

2. 注意事项。

标准 1. 掌握交通事故处置的步骤及方法。

2. 了解事故处置的注意事项。

方法 自学、集中学习。

考核 由本级或上级部门组织测试。笔试或口试。90 分优秀、80 分良好、60 分及格、60 分以下不及格。

课目十　水上泄漏物处置程序及要领

条件　相应的教材；室内、室外。

内容　1.处置程序。

　　　　2.安全要求及注意事项。

标准　1.掌握水上泄漏物处置的步骤及方法。

　　　　2.注意救援的安全要求及注意事项。

方法　自学、集中学习。

考核　由本级或上级部门组织测试。笔试或口试。90 分优秀、80 分良好、60 分及格、60 分以下不及格。

课目十一　民防工程事故处置程序及要领

条件　相应的教材；室内、室外。

内容　1.处置程序。

　　　　2.安全要求及注意事项。

标准　1.掌握民防工程常见事故处置的步骤及方法。

　　　　2.注意救援的安全要求及注意事项。

方法　自学、集中学习。

考核　由本级或上级部门组织测试。笔试或口试。90 分优秀、80 分良好、60 分及格、60 分以下不及格。

（二）技能训练

课目一　破拆装备操作

条件　室内、室外；破拆装备（液压扩张钳、水泥切割机、切割链锯、双向异轮切割机、电动凿岩机、电弧切割机、液压钻孔机、破碎机、手动破拆工具）；钢管；钢筋混凝土块；发电机；液压机；个人防护装备。

内容 1. 液压扩张钳操作使用。

2. 水泥气割机操作使用。

3. 切割链锯操作使用。

4. 双向异轮切割机操作使用。

5. 电动凿岩机操作使用。

6. 电弧切割机操作使用。

7. 液压钻孔机操作使用。

8. 破碎机机操作使用。

9. 手动破拆工具操作使用。

10. 装备操作注意事项。

标准 正确操作各类破拆装备，掌握破拆装备操作程序和动作要领，熟悉装备性能和用途，了解装备使用注意事项等。

方法 自学、讲授、操作。

考核 由本级或上级部门组织实施。实际操作。90 分以上优秀、80 分以上良好、60 分以上及格、60 分以下不及格。

课目二 搜救装备操作

条件 室内、室外；雷达生命探测仪、视频生命探测仪、红外生命探测仪、音频生命探测仪；木质、金属、混凝土等搜救区域；个人防护装备。

内容 1. 雷达生命探测仪操作使用。

2. 视频生命探测仪操作使用。

3. 红外生命探测仪操作使用

4. 装备操作注意事项。

标准 正确操作各类生命探测仪器，掌握生命探测仪器操作程序和动作要领，能够识别搜救中的各类信号，熟悉搜救策略，了解装备使用注意事项等。

方法　自学、讲授、操作。

考核　由本级或上级部门组织实施。实际操作。90 分以上优秀、80 分以上良好、60 分以上及格、60 分以下不及格。

课目三　逃生救援装备操作

条件　高楼或高台；逃生气垫、鼓风机、绳索逃生装备、救援担架；个人防护装备。

内容　1. 逃生气垫铺设。

　　　　2. 绳索上升操作。

　　　　3. 绳索下降操作。

　　　　4. 伤员转运操作。

　　　　5. 深井救援操作。

　　　　6. 装备操作注意事项。

标准　准确、快速铺设逃生气垫，掌握绳索上升和下降操作程序和动作要领，能够正确构建绳索系统，实现伤员安全转运，了解装备使用注意事项等。

方法　自学、讲授、操作。

考核　由本级或上级部门组织实施。实际操作。90分以上优秀、80 分以上良好、60 分以上及格、60 分以下不及格。

课目四　水上救援装备操作

条件　开阔水面；救生抛投器、绳索、冲锋舟、发动机；个人防护装备。

内容　1. 救生抛投器操作使用。

　　　　2. 冲锋舟组装与充气。

3. 冲锋舟的操作与驾驶。

4. 架设横渡系统。

5. 装备操作注意事项。

标准 熟练掌握救生抛投器组装与发射方法，救生圈准确发射到落水人员周围，快速完成冲锋舟的组装与充气，熟练驾驶冲锋舟完成围油栏铺设，了解装备使用注意事项等。

方法 自学、讲授、操作。

考核 由本级或上级部门组织实施。实际操作。90分以上优秀、80分以上良好、60分以上及格、60分以下不及格。

课目五 顶撑装备操作

条件 室外；预制板、顶撑气垫、救援顶杆、撑顶器、液压泵、气泵、控制阀；个人防护装备。

内容 1.顶撑气垫操作使用。

2.救援顶杆操作使用。

3.顶撑器操作使用。

4.装备操作注意事项。

标准 熟练掌握顶撑气垫操作程序和动作要领，掌握救援顶杆和顶撑器操作要领，了解装备使用注意事项等。

方法 自学、讲授、操作。

考核 由本级或 上级部门组织实施。实际操作。90分以上优秀、80分以上良好、60分以上及格、60分以下不及格。

课目六 排烟装备操作

条件 室内、室外；移动排烟机、坑道排烟机、接线盘、发电机、个人防护装备。

内容 1.移动排烟机操作使用。

2. 坑道排烟机操作使用。

3. 装备操作注意事项。

标准 熟练掌握移动排烟机操作程序和动作要领，掌握坑道排烟机操作要领，了解装备使用注意事项，识别常见故障等。

方法 自学、讲授、操作。

考核 由本级或上级部门组织实施。实际操作。90分以上优秀、80分以上良好、60分以上及格、60分以下不及格。

课目七 排水装备操作

条件 室内、室外；排水机、接线盘、发电机、个人防护装备。

内容 1. 汽油排水机操作使用。

2. 装备操作注意事项。

标准 熟练掌握汽油排水机操作程序和动作要领，了解装备使用注意事项，识别常见故障等。

方法 自学、讲授、操作。

考核 由本级或上级部门组织实施。实际操作。90分以上优秀、80分以上良好、60分以上及格、60分以下不及格。

课目八 应急照明装备操作

条件 室内、室外；发电机、照明灯车、360移动照明灯、照明线盘、控制箱、个人防护装备。

内容 1. 逃生照明线操作使用。

2. 应急灯车操作使用。

3. 360移动照明灯操作使用。

4. 装备操作注意事项。

标准 掌握逃生照明线铺设的操作程序和动作要领，能独立操作应急灯车，完成照明任务；掌握360移动照明灯操作程序，了解装备使用注意事项，排除常见故障等。

方法 自学、讲授、操作。

考核 由本级或上级部门组织实施。实际操作。90分以上优秀、80分以上良好、60分以上及格、60分以下不及格。

（三）专项及合成训练

课目一 民防工程救援演练

条件 民防工程事故模拟现场；烟雾、积水、受伤人员和受困群众；各类救援装备；室外。

内容 1. 应急帐篷和现场指挥部搭建。

2. 民防工程口部抢险疏通。

3. 逃生照明线铺设。

4. 工程内部排烟排水。

5. 工程内部人员搜救。

标准 能够合理制定救援方案、实施计划，人员任务明确，操作程序规范，队伍组织指挥有效，成功完成各项任务

方法 自学、讲授、训练。

考核 由本级或上级部门组织实施演练，符合标准为合格，否则为不合格。由考核组想定情况，对考核对象编制的方案、实施计划、桌面推演及演练中的组织、协调、处置程序等进行综合考核。具体考核救援方案、实施计划的可行性；桌面推演的严密性；综合演练中组织指挥、协同作战、人员防护、救援动作、处置措施、通信联络等有序性、决断性、正确性。

课目二 建筑物倒塌救援演练

条件 建筑物倒塌事故模拟现场，烟雾、积水、受伤人员和受困群

众；各类救援装备；室外。

内容 1. 根据事故现场情况，准确进行安全评估。

2. 确定人员搜救方案与策略。

3. 制定营救方案，开拓救生通道。

4. 对伤员进行心理安抚和医疗救护。

5. 营救转移受伤人员。

标准 能够合理制定救援方案、实施计划，人员任务明确，操作程序规范，队伍组织指挥有效，成功完成各项任务。

方法 自学、讲授、训练。

考核 由本级或上级部门组织实施演练，符合标准为合格，否则为不合格。由考核组想定情况，对考核对象编制的方案、实施计划、桌面推演及演练中的组织、协调、处置程序等进行综合考核。具体考核救援方案、实施计划的可行性；桌面推演的严密性；综合演练中组织指挥、协同作战、人员防护、救援动作、处置措施、通信联络等有序性、决断性、正确性。

课目三 高楼逃生救援演练

条件 高空事故模拟现场；受伤人员和受困群众；各类救援装备，室外。

内容 1. 个人防护。

2. 绳索上升、下降。

3. 逃生气垫铺设。

4. 伤员救护与转运。

标准 能够合理制定救援方案、实施计划，人员任务明确，操作程序规范，队伍组织指挥有效，成功完成各项任务。

方法 自学、讲授、训练。

考核 由本级或上级部门组织实施演练，符合标准为合格，否则为不合格。由考核组想定情况，对考核对象编制的方案、实施计划、桌面推演及演练中的组织、协调、处置程序等进行综合考核。具体考核救援方案、实施计划的可行性；桌面推演的严密性；综合演练中组织指挥、协同作战、人员防护、救援动作、处置措施、通信联络等有序性、决断性、正确性。

课目四 水上救援处置演练

条件 模拟事故水域；受困人员；模拟泄漏物；冲锋舟；围油栏；抛投器；室外。

内容 1. 正确使用救生抛投器。

2. 冲锋舟组装与驾驶。

3. 利用围油栏进行水面泄漏物处置。

4. 架设绳索救援系统，转移被困人员。

标准 能够合理制定救援方案、实施计划，人员任务明确，操作程序规范，队伍组织指挥有效，成功完成各项任务。

方法 自学、讲授、训练。

考核 由本级或上级部门组织实施演练，符合标准为合格，否则为不合格。由考核组想定情况，对考核对象编制的方案、实施计划、桌面推演及演练中的组织、协调、处置程序等进行综合考核。具体考核救援方案、实施计划的可行性；桌面推演的严密性；综合演练中组织指挥、协同作战、人员防护、救援动作、处置措施、通信联络等有序性、决断性、正确性。

考核细则

（一）业务理论学习

理论考核由本级或上级部门组织测试，采用笔试或口试的形式。90分优秀、80分良好、60分及格、60分以下不及格。

（二）技能训练

课目一　破拆装备操作

1. 扩展钳操作

1.1 动作要领和扩展钳牵拉距离符合要求，完成时间不超过规定时间为100分，以5秒为一档，每超一档扣3分。

1.2 个人防护中，防护头盔、皮靴和手套每样不符合要求各扣5分。

1.3 队员需携带扩展钳至指定位置作业，偏离50厘米以上扣5分。

1.4 行进过程中扩展钳每触地一次扣5分，跌落一次扣10分。

1.5 连接油管时要一步到位，每重复一次扣5分。

1.6 油管出现弯折、打结的扣10分。

1.7 油管接头触地的，每次扣5分。

1.8 未打开总开关或未打开油路开关直接发动液压机的扣5分。

1.9 未打开液压释放开关或旋转位置错误的扣5分。

1.10 油门开关未调整至水平位置的扣10分。

1.11 操作完毕后，没盖安全帽扣10分。

1.12 牵拉距离不足的，每超过预定距离10厘米扣10分

1.13 凡损坏器材者，扣30分。

1.14 扣到0分为止，不计负分。

2. 水泥切割机

2.1 动作要领和切割深度符合要求，完成时间不超过规定时间为100分。

2.2 个人防护中，防护头盔、皮靴和手套每样不符合要求各扣5分。

2.3 连接油管时要一步到位，每重复一次扣5分。

2.4 油管出现弯折、打结的扣10分。油管接头触地的，每次扣5分。

2.5 未打开总开关或未打开油路开关直接发动液压机的扣5分。

2.6 切割过程中发生卡锯或锯片拔不出来的扣5分。

2.7 切割过程中没有用水冷却，进行干切的扣10分。

2.8 未按规定时间完成切割任务的，每超过10秒扣3分。

2.9 因操作不当造成锯片折断或损坏的扣20分。

2.10 人员站在切口的延长线方向操作扣30分。

2.11 切割完毕后，先停水，后关机，未按顺序操作的扣10分。

2.12 扣到0分为止，不计负分。

3. 切割链锯

3.1 动作要领和切割深度符合要求，完成时间不超过规定时间为100分。

3.2 个人防护中，防护头盔、皮靴和手套每样不符合要求各扣5分。

3.3 组装链锯，锯条方向装错者扣10分。

3.4 启动时未按操作顺序启动主机，每错一处扣5分。

3.5 切割时未先用水冷却，直接干切的扣5分。

3.6 切割过程中发生卡锯或锯条拔不出来的扣5分。

3.7 撤收时，未按顺序关闭切割链锯，直接关闭开关的，每错一处扣5分。

3.8 未按规定时间完成切割任务的，每超过10秒扣5分。

3.9 因操作不当造成锯片折断或损坏的扣20分。

3.10 人员站在切口的延长线方向操作扣20分。

3.11 扣到0分为止，不计负分。

4. 双向异轮切割机

4.1 动作要领和切割深度符合要求，完成时间不超过规定时间为100分。

4.2 个人防护中，防护头盔、皮靴和手套每样不符合要求各扣5分。

4.3 未先连接发电机、接线盘和双向异轮切割机，直接启动发电机的扣10分。

4.4 切割时，未保持锯片与被切割物体作业面垂直的扣10分。

4.5 切割时，未按规程操作，导致双向异轮切割机弹起的扣10分。

4.6 切割过程中发生卡锯或锯片拔不出来的扣10分。

4.7 撤收时，未按顺序关闭双向异轮切割机的扣10分。

4.8 锯片未完全停止，直接将切割机放置在地上的扣20分。

4.9 未按规定时间完成切割任务的，每超过10秒扣5分。

4.10 因操作不当造成锯片折断或损坏的扣20分。

4.11 人员站在切口的延长线方向操作扣20分。

4.12 扣到0分为止，不计负分。

5. 电动凿岩机

5.1 动作要领符合要求，完成时间不超过规定时间为100分。

5.2 个人防护中，防护头盔、皮靴和手套每样不符合要求各扣5分。

5.3 作业时，未按规程操作，导致电动凿岩机反弹的扣10分。

5.4 作业过程中发生钻头卡住拔不出来的扣10分。

5.5 撤收时，钻头未停止转动，直接放置在地上的扣20分。

5.6 未按规定时间完成凿破任务的，每超过10秒扣5分。

5.7 因操作不当造成钻头折断或损坏的扣20分。

5.8 扣到0分为止，不计负分。

6. 电弧切割机

6.1 动作要领符合要求，完成时间不超过规定时间为100分。

6.2 个人防护中，防护头盔、皮靴和手套每样不符合要求各扣5分。

6.3 未按顺序连接电弧切割机的，每错一处扣5分。

6.4 喷枪拧紧时，旋转方向错误的扣10分。

6.5 未按顺序打开电弧切割机的，每错一处扣5分。

6.6 切割时，防护未到位的，每处扣5分。

6.7 切割过程中发生焊条粘住的扣10分。

6.8 撤收时，未按顺序关闭电弧切割机的扣10分。

6.9 未按规定时间完成切割任务的，每超过10秒扣5分。

6.10 因操作不当仪器损坏的扣20分。

6.11 防护不当导致操作人员受伤的扣30分。

7. 液压钻孔机

7.1 动作要领符合要求，完成时间不超过规定时间为100分。

7.2 个人防护中，防护头盔、皮靴和手套每样不符合要求各扣5分。

7.3 未按顺序连接钻孔机的，每错一处扣5分。

7.4 连接油管时要一步到位，每重复一次扣5分。

7.5 油管出现弯折、打结的扣10分。

7.6 钻孔前未先打开水阀进行冷却的扣5分。

7.7 钻孔时未保持钻孔机与作业面垂直的扣5分。

7.8 钻孔机卡住或钻孔弯曲的扣10分。

7.9 撤收时，未先关闭水阀的扣10分。

7.10 未按顺序关闭钻孔机，直接关闭液压机开关的扣10分。

7.11 未按规定时间完成钻孔任务的，每超过10秒扣5分。

7.12 因操作不当仪器损坏的扣20分。

7.13 扣到0分为止，不计负分。

8. 破碎机

8.1 动作要领符合要求，完成时间不超过规定时间为100分。

8.2 个人防护中，防护头盔、皮靴和手套每样不符合要求各扣5分。

8.3 操作前凿头安装不牢掉出的扣10分。

8.4 启动时，未按顺序发动破碎机的，每处扣5分。

8.5 低温启动，未进行破碎机预热的扣10分。

8.6 作业时，未按规程操作，导致破碎机反弹的扣10分。

8.7 使破碎机发生无负载空转的扣10分。

8.8 破碎时，发生凿头打滑或炮眼移位的扣10分。

8.9 撤收时，未按顺序关闭破碎机的扣10分。

8.10 钻头未停止转动，直接放置在地上的扣20分。

8.11 未按规定时间完成凿破任务的，每超过10秒扣5分。

8.12 因操作不当造成钻头折断或损坏的扣20分。

8.13 扣到0分为止，不计负分。

9. **手动破拆工具**

9.1 动作要领符合要求，完成时间不超过规定时间为100分。

9.2 个人防护中，防护头盔、皮靴和手套每样不符合要求各扣5分。

9.3 操作前，凿头安装不牢掉出的扣10分。

9.4 未按要求选择合适破拆工具的扣5分。

9.5 作业时，未按要求进行防护，造成自身伤害的扣10分。

9.6 未按规定时间完成凿破任务的，每超过10秒扣5分。

9.7 因操作不当造成工具折断或损坏的扣20分。

课目二　搜救装备操作

1. **雷达生命探测仪**

1.1 打开探测仪主机和PDA后，能够正确设置PAD各项参数，完成PDA和主机连接，在规定时间内完成搜索任务，并正确关机的100分。

1.2 个人防护中，防护头盔、皮靴和手套每样不符合要求各扣5分。

1.3 不能正确放置电池，打开主机和PDA的各扣10分。

1.4 不能连接PDA和主机的扣10分。

1.5 在操作过程中，发生PDA掉落的扣10分。

1.6 未合理放置搜索点进行有效搜索的扣10分。

1.7 不能准确识别搜索信号的，每个扣5分。

1.8 在规定时间内未完成搜索任务的，每超过10秒扣3分。

1.9 未按PDA上的OK按钮退回桌面，直接在运行搜救软件时关掉PDA的扣10分。

1.10 未按照顺序正确关闭PDA和雷达探测仪的扣10分。

1.11 因操作不当造成仪器损坏的扣20分。

1.12 扣到0分为止，不计负分。

2. 红外线热成像仪

2.1 动作要领符合要求，完成搜索任务，时间不超过规定时间为100分。

2.2 个人防护中，防护头盔、皮靴和手套每样不符合要求各扣5分。

2.3 不能正确启动设备的扣10分。

2.4 开机后，不能正确识别桌面三个区域的，每个扣3分。

2.5 搜索时不能正确捕获图像的扣10分。

2.6 不能将捕获的图像进行存储的扣10分。

2.7 不能正确进行图像浏览和删除的扣10分。

2.8 不能正确关闭热成像仪的扣10分。

2.9 在操作过程中，发生仪器掉落的扣20分。

2.10 因操作不当，造成仪器损坏的扣20分。

2.11 扣到0分为止，不计负分。

3. 视频探测仪

3.1 动作要领符合要求，完成搜索任务，时间不超过规定时间为100分。

3.2 个人防护中，防护头盔、皮靴和手套每样不符合要求各扣5分。

3.3 不能正确连接各部件，启动探测仪的扣10分。

3.4 开机后，不能正确操作视频探测仪的扣10分。

3.5 不会旋转探测仪头部摄像头的扣10分。

3.6 不会打开照明灯的扣10分。

3.7 不能利用音频话筒与被困人员对话的扣10分。

3.8 不能正确撤收探测仪的扣10分。

3.9 在操作过程中，发生仪器掉落的扣20分。

3.10 因操作不当，造成仪器损坏的扣20分。

3.11 扣到0分为止，不计负分。

课目三　逃生救援装备操作

1. 逃生气垫

1.1 气垫铺设：气垫展开迅速，地点选择适宜，风机口和气垫连接正确，充气达到固定高度，人员防护到位，起跳姿势正确，在规定时间内完成气垫铺设，满分100分。

1.2 气垫展开位置有高于10公分的突起或周围有影响人员安全的障碍物的扣10分。

1.3 风机口和气垫连接不正确，有跑气漏气现象的扣10分。

1.4 鼓风机操作不当，不能一次启动的，每重复一次扣5分。

1.5 人员防护各司其职，气垫四周及有障碍物一端，每少一人防护扣5分。

1.6 逃生人员在起跳过程中，由于指挥失当或指导错误，发生意外的扣20分。

1.7 在规定时间内完成铺设和逃生动作，每超过60秒扣5分。

2. 逃生绳索

2.1 人员上升

(1) 动作要领和上升高度符合要求，完成时间不超过规定时间为100分。

(2) 个人防护中，防护头盔、皮靴和手套每样不符合要求各扣5分。

(3) 上升器安装错误的扣10分。

(4) 未做上升副保护或保护方式不正确的扣10分。

(5) 上升方式不正确的扣10分。

(6) 安全扣未做拧紧保护的每个扣10分。

(7) 上升未到达指定高度的扣10分。

(8) 在规定时间内完成上升动作，每超过10秒扣3分。

(9) 上升过程中有装备掉落的每个扣5分。

⑽ 扣到0分为止，不计负分。

2.2 人员下降

(1) 动作要领符合要求，完成时间不超过规定时间为100分。

(2) 个人防护中，防护头盔、皮靴和手套每样不符合要求各扣5分。

(3) 下降准备前未做保护连接的扣10分。

(4) 下降器安装错误的扣10分。

(5) 未做下降副保护或保护方式不正确的扣10分。

(6) 下降方式不正确的扣10分。

(7) 安全扣未做拧紧保护的每个扣10分。

(8) 下降时未取下保护连接带的扣10分。

(9) 在规定时间内完成下降动作，每超过10秒扣3分。

⑽ 下降过程中有装备掉落的每个扣5分。

⑾ 未顺利完成下降全过程，卡在途中的扣10分。

⑿ 扣到0分为止，不计负分。

3. 伤员转运

考核标准根据实训情况，另行制定。

4. 深井救援

4.1 救援人员穿戴救援服（头盔、手套、靴子）进行救援，防护装备不全的每缺一个扣5分。

4.2 不能正确架设救援三角架、安装绞盘的扣10分。

4.3 不能利用滑轮和救助绳索制作救助滑轮组的扣10分。

4.4 三角架、救援绳、安全吊带支点不牢固的扣10分。

4.5 下井人员保护措施未到位的扣10分。

4.6 井口周围未安排警戒，或有杂物掉入井内的扣10分。

4.7 不能将伤员安全救助的扣10分。

4.8 现场指挥不畅、人员分工不明的扣10分。

4.9 每超过预定时间10秒，扣1分。

4.10 扣到0分为止，不计负分。

课目四　水上救援装备操作

1. 救生抛投器

1.1 动作要领符合要求，抛投器顺利发射完毕，完成时间不超过规定时间为100分。

1.2 个人防护中，防护头盔、皮靴和手套每样不符合要求各扣5分。

1.3 发射前未检查发射气瓶和绳索的扣10分。

1.4 救生圈、牵引绳和救援主绳连接不牢的扣10分。

1.5 发射时未检查安全销位置或不能正确拔出安全销的扣10分。

1.6 发射时，发射距离偏离严重的扣10分。

1.7 规定时间内，未顺利完成发射任务的扣10分。

1.8 因操作不当导致发射气瓶损坏的扣20分。

1.9 扣到0分为止，不计负分。

2. 冲锋舟

2.1 冲锋舟底板未按顺序组装的扣10分。

2.2 底板装好未加固或加固方式错误的扣10分。

2.3 气瓶控制阀操作错误导致漏气、垫片爆开的扣10分。

2.4 冲锋舟充气量不足或过量的扣10分。

2.5 螺旋桨发动机安装不正确，螺丝固定不牢的扣10分。

2.6 发动时，连接油箱，泵入燃油，插入钥匙，拉线发动螺旋桨发动机，顺序每错一处扣5分。

2.7 发动机档位操作错误的扣10分。

2.8 操作时，未穿救生衣的扣10分。

2.9 冲锋舟行驶中，操作不稳或中途导致发动机熄火的扣10分。

2.10 非紧急情况停船时，未先挂空挡怠速，直接拔掉钥匙的扣10分。

2.11 撤收时，未空拉发动机，燃烧残余燃油，放空积水的扣10分。

2.12 扣到0分为止，不计负分。

3. 架设横渡系统

考核标准根据实训情况，另行制定。

课目五 顶撑装备操作

1. 顶撑气垫

1.1 时间计算，将顶撑操作的时间与顶撑撤收的时间之和作为总时间。

1.2 各项操作符合要求，完成作业时间不超过规定时间为100分。作业时间每超过15秒扣1分。

1.3 个人防护中，防护头盔、皮靴和手套每样不符合要求的各扣5分。

1.4 顶撑中，操作人员进入预制板后方的每次扣2分。

1.5 连接管放置不平整、打结或仪器压住连接管的扣10分。

1.6 气垫位置放置不正确或加垫木时导致气垫不平稳的扣10分。

1.7 垫木未放置在预制板中心位置的扣10分。

1.8 垫木未按"井"字形放置或同一方向不在一垂直线上的扣10分。

1.9 顶撑操作时不按顺序逐层依次增加垫木的每次扣5分。

1.10 顶撑撤收时不按顺序逐层依次减少垫木的每次扣5分。

1.11 气垫卡住或取不出来的扣20分。

1.12 顶撑中导致预制板倾斜或侧翻的扣20分。

1.13 操作不当致仪器损坏的扣20分。

1.14 扣到0分为止，不计负分。

课目六 排烟装备操作

1. 移动排烟机

1.1 动作要领符合要求，在规定时间内排烟效果明显的为100分。

1.2 个人防护中，防护头盔、皮靴和手套每样不符合要求各扣5分。

1.3 排烟机位置放置不正确的扣10分。

1.4 启动时，未按顺序发动排烟机的，每处扣5分。

1.5 未一次启动排烟机，每重复一次扣5分。

1.6 排烟时，因位置不稳致排烟机的倒下的扣20分。

1.7 因操作不当，致排烟机中途停止工作的扣10分。

1.8 撤收时，未先调小风扇，直接关闭排烟机总开关的扣10分。

1.9 未按规定时间完成排烟任务的，每超过10秒扣5分。

1.10 因操作不当造成排烟机损坏的扣20分。

1.11 扣到0分为止，不计负分。

2. 坑道排烟机

2.1 动作要领符合要求，排烟效果明显的为100分。

2.2 个人防护中，防护头盔、皮靴和手套每样不符合要求各扣5分。

2.3 排烟机位置放置不正确的扣10分。

2.4 发电机要一次启动，每重复一次扣5分。

2.5 撤收时，未先关闭排烟机电源，直接关闭发电机的扣10分。

2.6 排烟机风管未固定好的扣10分。

2.7 未按规定时间完成排烟任务的，每超过10秒扣5分。

2.8 因操作不当造成排烟机损坏的扣20分。

2.9 扣到0分为止，不计负分。

课目七　排水装备操作

1. 汽油排水机

1.1 动作要领符合要求，在规定时间内完成排水的为100分。

1.2 个人防护中，防护头盔、皮靴和手套每样不符合要求各扣5分。

1.3 未按要求检查装备的扣10分。

1.4 启动时，未按顺序启动排水机的，每处扣5分。

1.5 低温启动时，未按要求进行预热的扣5分。

1.6 因操作不当，致排水机中途停止工作的扣10分。

1.7 撤收时，未按顺序关闭发动机的，每处扣5分。

1.8 因操作不当造成排水机损坏的扣20分。

1.9 扣到0分为止，不计负分。

课目八　应急照明装备操作

1. 逃生照明线

1.1 动作要领符合要求，在规定时间内完成照明线铺设的为100分。

1.2 个人防护中，防护头盔、皮靴和手套每样不符合要求各扣5分。

1.3 未按要求检查装备，操作时发现装备缺失的扣10分。

1.4 启动时，未按顺序启动照明线的，每处扣5分。

1.5 接线箱控制开关输入和输出方向接错的扣10分。

1.6 连接线盘时，A、B线盘先后顺序搞错的扣10分。

1.7 铺设时，照明线铺设方向错误的扣10分。

1.8 撤收时，未撤出照明线就关闭电源的扣10分。

1.9 扣到0分为止，不计负分。

2. 照明灯车

2.1 动作要领符合要求，在规定时间内完成各项操作的为100分。

2.2 未按顺序打开电源开关、油路开关、送电开关的，每处扣5分。

2.3 控制箱操作顺序错误的，每处扣5分。

2.4 在灯杆没有升起前打开主灯的，扣10分。

2.5 不能正确进行主灯位置角度变换的扣10分。

2.6 在灯杆下降前，没有打开云台复位开关，或灯杆下降后灯架没有复位的，扣10分。

2.7 灯杆下降中关闭主灯的，扣10分。

2.8 灯杆下降后没有关闭控制箱开关的，扣10分。

2.9 关闭发电机时，没有将余油烧完而直接关闭电门的，扣10分。

2.10 未按顺序关闭灯车的，每处扣5分。

2.11 操作时，主灯未能打开的扣10分。

2.12 扣到0分为止，不计负分。

3. 360度照明灯

3.1 动作要领符合要求，在规定时间内完成照明灯操作的为100分。

3.2 不能正确启动发动机的扣10分。

3.3 不能准确识别POWER键、BLOWER键和LIGHT键的，各扣5分。

3.4 发动机启动后先打开灯光开关的扣10分。

3.5 灯柱没有完全充足气直立起来而直接打开灯源的，扣10分。

3.6 未固定灯柱或固定不正确的，扣10分。

3.7 未关闭灯管而直接关掉充气开关的扣10分。

3.8 未等灯管完全冷却而关闭充气开关的扣10分。

3.9 关闭充气开关后，人员未接住灯管，导致灯管直接掉在地上摔坏的扣20分。

3.10 未按顺序关闭电源开关POWER键，将电源开关调至OFF处的扣10分。

3.11 扣到0分为止，不计负分。

（三）专项及合成训练

课目一　民防工程救援演练

根据给定的民防工程事故情况，科学制定救援方案，编制实施计划，明确处置程序。现场指挥得当，人员分工明确，操作程序规范，装备技术运用合理，队伍协调配合密切，在规定的时间内按照既定程序成功完成各项任务。60分以上为合格，否则为不合格。

1. 制定方案具备可行性，实施措施具备可操作性。10分

2. 指挥程序清楚，情况研判正确、力量调度及时，队伍配合熟练。10分

3. 个人防护严密、快速，安全防护符合要求。10分

4. 指挥部位置选择符合要求，在规定时间内完成应急帐篷搭建。10分

5. 口部破拆位置选择正确，器材使用得当，在规定时间完成破拆任务，支撑加固效果明显，10分

6. 排烟排水点选择合理，实施快速，效果明显。10分

7. 在规定时间内完成逃生照明线铺设，照明效果明显。10分

8. 人员搜救策略正确，营救方案合理，受困群众转移有序。10分

9. 伤员救护现场处置得当，成功实施伤员转运任务。10分

10. 紧急撤离口令清楚，时机适宜，救援人员安全撤离危险区域。10分

课目二　建筑物倒塌救援演练

考核标准：

根据给定的建筑物倒塌事故现场情况，科学制定救援方案，编制实

施计划，明确处置程序。现场指挥得当，人员分工明确，操作程序规范，装备技术运用合理，队伍协调配合密切，在规定的时间内按照既定程序成功完成各项任务。60分以上为合格，否则为不合格。

1. 制定方案具备可行性，实施措施具备可操作性。10分

2. 指挥程序清楚，情况研判正确、力量调度及时，队伍配合熟练。10分

3. 安全评估准确，人员防护到位。10分

4. 指挥部位置选择符合要求，在规定时间内完成应急帐篷搭建。10分

5. 能熟练掌握各类搜索装备，搜索策略合理，在规定时间内准确定位幸存者位置。10分

6. 能综合运用破拆、顶撑、凿破等方式，开拓救生通道，并支撑加固，确保安全。10分

7. 制定营救方案，选择破拆方法，从废墟或深井中营救出伤员，伤员现场救护处置得当，防止造成二次伤害。10分

8. 熟练掌握心理安抚理论，注重策略，与被困人员进行沟通，了解伤情和被埋压情况，针对性开展心理安抚。10分

9. 成功实施伤员转运任务。10分

10. 合理规划撤离路线，及时发出中止和撤离警告，紧急撤离口令清楚，时机适宜。10分

课目三　高楼逃生救援演练

考核标准：

根据给定的高楼事故现场情况，科学制定救援方案，编制实施计划，明确处置程序。现场指挥得当，人员任务明确，操作程序规范，装备技术运用合理，队伍协调配合密切，在规定的时间内按照既定程序成

功完成各项任务。60分以上为合格，否则为不合格。

1. 制定方案具备可行性，实施措施具备可操作性。10分

2. 指挥程序清楚，情况研判正确、力量调度及时，队伍配合熟练。10分

3. 安全评估准确，人员防护到位。10分

4. 指挥部位置选择符合要求，在规定时间内完成应急帐篷搭建。10分

5. 能熟练掌握绳索上升技能，在规定时间内上升到指定位置。20分

6. 能快速铺设逃生气垫，做好起跳人员接应与防护。10分

7. 合理制定伤员转运方案，构建转运系统，安全地将伤员运送到地面。20分

8. 完成受困人员逃生和伤员转运任务后，救援人员通过下降装备，安全撤离。10分

课目四　水上救援处置演练

考核标准：

根据给定的水上事故现场情况，科学制定救援方案，编制实施计划，明确处置程序。现场指挥得当，人员任务明确，操作程序规范，装备技术运用合理，队伍协调配合密切，在规定的时间内按照既定程序成功完成各项任务。60分以上为合格，否则为不合格。

1. 制定方案具备可行性，实施措施具备可操作性。10分

2. 指挥程序清楚，情况研判正确、力量调度及时，队伍配合熟练。10分

4. 指挥部位置选择符合要求，在规定时间内完成应急帐篷搭建。10分

5. 能熟练掌握冲锋舟组装技能，在规定时间内完成冲锋舟组装、充

气、下水。20分

6. 能快速安装螺旋桨发动机，并熟练操作冲锋舟。20分

7. 合理制定泄漏物处置方案，铺设围油栏，完成泄漏物围堵和吸附。20分

8. 正确利用抛投器发射救生圈，能够快速准确架设横渡系统，营救被困人员，并安全撤离。10分

训练方法

（一）业务理论学习

训练方法：

自学、讲授、观看录像。

课目一 救援装备常识

1. 破拆装备

1.1 "生命之爪"救援设备

用途：该套救援设备由气压组、液压组两大部分组成，简称"生命之爪"救生设备，用于事故现场的切割、顶撑、剪扩等。

功能：在建筑物倒塌、交通事故等灾害现场利用"生命之爪"救生设备进行"撬""切""割""顶""扩""剪"等多种手段、营救被困和受伤人员。

1.2 扩展钳

用途：用于建筑物倒塌事故现场伤员营救及交通事故中的车辆破拆，通过扩开障碍物救出被困伤员。

功能：在发生事故时，具有牵拉和扩张功能，用于分离开金属和非金属结构、支起重物等。

1.3 扩剪钳

用途：用于车辆事故、建筑物倒塌事故，扩、剪钢筋门窗和扩、剪事故车辆，营救被困伤员。

1.4 手动破拆工具

用途：主要用于各类灾害事故现场的手动破拆，无需提供动力源。

功能：可完成撬、拧、凿、切割、劈砍等操作，能穿透砖石水泥建筑、金属片及众多复合材料，操作省时省力，尤其适合在狭窄空间或黑暗条件下使用，防滑设计的手柄可伸缩，工具头可拆卸更换，实现多种用途。

1.5 电动多功能液压钳

用途：能满足快速剪切和扩张，无需更换工具，显著减小了救援行动对空间的要求，电池持续工作时间长，更换简单迅速，并可连接民用电源，便于延展救援。

性能：单块电池满载续航约2小时，扩剪力最大约20吨。

1.6 凿岩机

用途：凿破岩石、沥青和混凝土等。

性能：采用汽油发动机驱动，最大凿岩深度可达4～6米。

1.7 机动泵

用途：为液压设备提供动力。

性能：以汽油为动力源，动力输出分为单管、双管和多管输出。

2. 切割装备

2.1 双轮异向切割机

用途：主要用于切割钢筋、钢管及各种高强度金属合金材料。

性能：配有玻璃纤维切割片和合金钢切割片，采用两片锯片同时异向旋转来提高切割效率，降低切割反作用力，可使救援人员进入微小空间操作。

2.2 便携式等离子束发生器

用途：在灾害事故现场，可快速实现对大部分金属的切割破拆。

性能：等离子束发生器产生的等离子火焰温度瞬间可达8000℃，将金属制品燃烧至燃点，从而实现快速切割，切割时需带防护镜和手套进行作业。

2.3 便携式带锯

用途：电池驱动，适用于大多数钢筋、铜管、铁管和木条等的切割，切割时产生的震动非常微小，便于在高空及狭小空间作业。

2.4 指环切割器

用途：适用于消防、医疗救援时切割戒指等细小环行金属物。

性能：安全可靠，不会对被救人员造成伤害。采用电池驱动，配有两种不同类型的刀片，切割时有自保护装置，当向下压力过大时，切割器会停止切割。

2.5 组合式液压破拆工具

用途：可用于城市灾害后的道路清障和各类建筑物倒塌事故现场的破拆救援，具有切、割、破碎等功能，可在较快时间内实施破拆救援。

性能：由液压动力源、切割链锯、切割圆盘锯、破碎镐等组成，具有切、割、破碎等功能。

3. 顶升装备

3.1 重型建筑物倒塌救援支撑顶杆

用途：主要用于建筑物倒塌或者交通事故现场救援，通常在进入危险建筑物中实施救援前需使用支撑顶杆，对危险的建筑物进行固定，以保护救援者与被救援者。也可用于沟渠、地铁、隧道救援，使用支撑顶杆横向或纵向支撑沟渠、地下空间和隧道壁，使沟渠、地下空间和隧道的框架稳固，以保证救援生命通道的畅通。

性能：可进行多种组合，最大承载力约40吨。

3.2 顶杆

用途：分为大、中、小3级，综合利用可完成救援现场或车辆顶撑。

性能：3种类型顶杆拉顶开距离为30～70厘米，伸出长度为75～160厘米，撑顶力12～13吨，可根据事故现场实际选用。

3.3 气压组救援系列装备

由发电机、接线盘、空压机、气管、控制阀、救援气袋等组成。可用于地震、交通事故和建筑倒塌现场的顶撑。

3.4 救援起重气垫

用途：该救援起重气垫有多种型号可选，与气压组救援装备配合使用，相互配合可进行车辆扶正。

性能：起重气垫有多种尺寸，对应的起重高度和起重力各不相同。一般地，气垫尺寸越大，起重高度和起重力越大。

3.5 发电机

用途：采用汽油或柴油发电机发电，为救援设备提供电力。

性能：单相四冲程，空冷，汽油提供动力，采用手拉或电动方式启动。

3.6 气垫控制阀

用途：连接救援气袋和空气压缩机，阀芯采用不锈钢材质。

性能：通过调节空气压缩机流出的气体流量，控制救援气袋的充气放气。

3.7 空气压缩机

用途：移动式空气压缩机，用于救援气袋和冲锋舟充气。

性能：采用皮带传动，空冷，输出的气压由空压机的容积和功率变化而不同。

4. 搜索装备

4.1 雷达生命探测仪

用途：该雷达生命探测仪由雷达主机（传感器）和控制器（掌上PDA）组成。主要用于搜索发生人员被掩埋的事故现场。

性能：该设备有能力穿透建筑材料和碎石，最大可探测深度7米，可在较短时间内完成对100余立方米空间范围内的遇险人员的搜索。

4.2 视频生命探测仪

用途：仪器由视频探头、探杆、视频显示器、耳麦、电池、充电器组成。能够在坍塌建筑的狭窄空间中快速、精确探测、搜寻被困人员。

性能：探头可180度旋转调节，将探到的人和物显示在视频显示器上。探头上还有照明灯、对讲通话系统。

4.3 红外线热成像仪

用途：可以通过探测热源，在各种事故现场对浅层的可能存在遇险幸存人员的位置进行快速有效的搜索。但当热源一旦被遮蔽时，则无法使用热成像仪进行搜索。

性能：该设备通过热成像反射原理，能够显示极细微的温度变化。

4.4 音频生命探测仪

用途：可以对废墟下的幸存者进行快速的声音源辨识并实现人员定位。

性能：设备装配有高度灵敏的震动传感器和一个语音通话探头，内部配备可调滤波器，可有效降低救援现场其他机器干扰声造成的影响，高灵敏度传感器可以捕捉到幸存者发出的最微弱的声音。

5. 冲锋舟

用途：一般由可充气船体和船外挂机组成，用于水上救援。

性能：根据所配动力不同，可搭载不同重量的货物或人员。如40匹马力的冲锋舟，一般可搭载8～10人或相等重量物资，最高速度可达40公里/小时。

6. 逃生气垫

用途：逃生气垫仅在紧急情况下使用，一般适用于20米以下的高层建筑人员逃生。通过缓冲软着陆，一定程度保护逃生者的安全。

性能：整套逃生装置由发电机、接线盘、鼓风机、气垫等组成，可同时联接风机2台，为气垫充气。气垫由具有阻燃性能的高强度纤维材料制成，缓冲性能好，拆卸简单。

7. 排烟装备

7.1 正压式汽油涡轮排烟机

用途：通常采用汽油涡轮机驱动，主要用于事故现场的排烟。

7.2 坑道排烟机

用途：专为狭小空间或地下空间内排除烟雾所设计。

性能：通常为电启动，排烟管道可连接或加长，深入狭小空间或地下空间排烟，每小时排烟量达到数千立方米。

7.3 机动排烟机

用途：可移动排烟，通常主要用于事故现场的排烟排风。

性能：汽油驱动，放在距入口2～6米处时，每小时最大排烟量达到十万立方米。

8. 照明装备

8.1 逃生照明线

用途：用于民防工程、地铁、隧道、大型地下商场等地下空间发生事故时的人员逃生的照明指示。

性能：由配电箱和A、B两组线盘组成，线体采用LED冷光源，可照明长度60米。具有漏保护和短路保护功能，备有220V市电接口。

8.2 360度应急照明灯

用途：用于夜间无光源事故现场救援的应急照明。

性能：通过汽油发电机驱动，充气完成后灯柱高度4米，可照明角度360度，照明范围可达到一个足球场的面积。

课目二　绳索技术

1. 绳索特性与维护

1.1 认证标准

(1) UIAA (Union International Alpine Associations)：国际登山

组织联盟它是国际间公认有权威能为攀登器材订立标准的权威组织。UIAA标识是指这项产品通过UIAA规定的测试，并达到UIAA所订的标准。

(2) CE（Confoermite European）：高处坠落防护用品认证标准，此认证是欧洲市场对于一些产品在基本健康和安全要求方面的强制性认证标记。所有欧洲或者欧洲以外的高处坠落防护用品的生产商，都必须符合CE认证标记的要求，产品才能得以在欧洲市场流通。

(3) EN（European Norms）：欧洲标准，对于攀岩绳应如何构造，以及在控制条件的情况下，绳子应达到如何的表现水准，EN都做了额外的要求。

(4) NFPA（National Fire Protection Association）：美国消防协会，成立于1896年11月6日，提供防火消防相关训练与设备，以及制订安全相关的标准的规范和维护。

(5) UL（Underwriter Laboratories Inc.）：美国安全检定。UL安全试验所是美国最有权威的，也是世界上从事安全试验和鉴定的较大的民间机构。它是一个独立的、营利的、为公共安全做试验的专业机构。

1.2 绳索类型

(1) 主绳

一般地，用于双人救援或常规训练时，选择直径11～13毫米静态绳索，极限承载重量30～45kN；用于室内搜索与单人救援时，选择直径9～11毫米的静态绳索，极限承载重量为20～30 kN。（1kN=100公斤）

(2) 编织绳

由编织的绳鞘包覆保护在内的绳芯，此设计对强度、耐用性与弹性做了最佳的分配。依照绳索弹性可分为弹性绳（动力绳）与低弹性绳（静力绳）。

(3) 低弹性绳（Low Elongation，静力绳）

低弹性绳因其较低的弹性，无法有效吸收坠落的冲击，只提供些微的延伸量，一般用在洞穴探险、垂降、搬运等不发生长距离坠落的活动。用于绳索操作、拖吊系统，低延展性利于拖拉与绳索上升下降。

(4) 弹性绳（Dynamic，动力绳）

弹性绳的延伸量可吸收并消散大部分登高者坠落时所产生的动能，避免让登高者承受庞大的冲击力，因此，救援时的保护绳索必须使用能吸收坠落冲击的动力绳。攀岩使用的动力绳常见长度有 50米、60米、100米、200米几种。此外依照绳索的强度、冲击力量可区分为下列三种绳索型态。

① 单绳（Single Rope）

单绳的直径9.8～11毫米，可以在攀岩的活动中单独使用一条绳子，连接攀登者和确保系统，适合用在垂直攀登路线或只有一些小曲折的攀登路线。

② 半绳（Half Rope）

半绳指直径8～9毫米的绳子，需两条同时使用。适合难度高，有长距离横渡或曲折多的路线。两条绳子有各自的固定点，等于两个不同的系统，连接在一个攀登者和一个（或两个）保护者身上。好处是能缩短攀登者挂绳时坠落的距离，但保护者则应熟练于保护器上分别给左绳/右绳的技巧。

③ 双绳（Twin Rope）

双绳是指将两条较细的绳子（直径8毫米左右）当成一条单绳使用，两条绳子挂进同样的固定点。保护者必须操作两条绳子。双绳能比单绳吸收更多的坠落力量及承受较多次的坠落；而且重量轻，挂绳较方便。即使其中一条绳子被岩角割断，还有另一条可以拉住攀岩者，让保护者将其垂降下来。

1.3 绳索的维护与保养

(1) 制作各个绳索的使用日志，并仔细记录使用的状况及次数，使用达一定次数或年限，则必须更新。

(2) 务必养成使用前后检查绳索的习惯。

(3) 了解绳索的安全使用极限。

(4) 尽量避免弄脏绳索，严禁踩踏绳索。

(5) 避免绳索接触锐利的物品或岩面，必要时要使用垫物保护。

(6) 任何绳索使用后必须将所有的绳结全部解开。

(7) 潮湿的绳索使用后要阴干（避免在太阳下晒干）。

(8) 绳索必须完全干燥后，才能收藏于清洁、阴凉、干燥的地方。

(9) 绳索与吊带等，应尽量避免紫外线照射及与油类、化学溶剂接触。

⑩ 要正确下降，避免突降和跳跃式下降。高速下降产生的温度会破坏绳皮；跳跃式的下降，则会对固定点和绳子造成非常大且不必要的负荷。如果是人数众多，最好分批垂降，每一批之间至少间隔5分钟。

1.4 绳索更换

(1) 偶尔使用（约两个星期一次），3年后应淘汰更换。

(2) 每周使用一次，2年后淘汰。

(3) 一周使用2～3次，一般使用大约半年或数个月就要更换新绳。

(4) 发生剧烈坠落，只要发生一次坠落系数接近2的情况，使用后就该马上换新。若是某处突然变形且特别柔软，或绳皮破损绳芯露出，最好停止使用，立即更换。

1.5 坠落系数（Fall Factor）

坠落系数是衡量冲坠严重程度的指标，等于坠落距离除以有效绳长（起到缓冲作用的那一部分绳长），如图1所示。坠落系数的范围从0 到2，在攀登者体重、绳索性能和其他条件相同的情况下，坠落系数越大，攀登者冲击力越大。在救援及其他日常技术操作中，应谨慎避免系数大于1的冲坠。

坠落系数的具体计算方式有两种。理论冲坠系数是指将一切视为理想情况（绳索没有延伸，中途保护点没有摩擦，没有任何形式的动态保护）时计算出的坠落系数。实际坠落系数则更复杂，需要考虑各种影响因素。图1和表1列出了(a)(b)两种情况下的理论坠落系数计算示例。

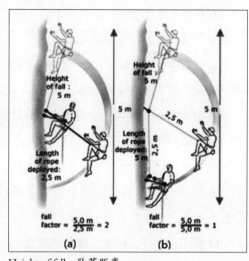

Height of fall：坠落距离
Length of rope deployed：有效绳长
fall factor:坠落系数

图1 两种情况下理论坠落系数计算示意图

表1 (a)(b)两种情况下理论坠落系数计算表

(a)	有效绳长	2.5米
	保护点的高度	没有中途保护点，冲坠由底端保护站承受
	冲坠距离	5米
	冲坠系数	5/2.5=2
(b)	有效绳长	5米
	保护点高度	2.5米
	冲坠距离	5米
	冲坠系数	5/5=1

尽管图(b)中的冲坠距离更长，但坠落系数却更低一些，所以攀登者受到的冲击力更小。需要注意的是，(a)中的底端保护站承受的冲击力等于攀登者受到的冲击力，而(b)中保护点承受的冲击力是两股绳索拉力的

合力，接近攀登者所受冲击力的2倍。

在多段攀登过程中，应尽量降低冲坠系数。通常情况下，领攀者从保护站出发时就应该设好第一个中途保护点，这样可以避免发生系数为2的冲坠。

2. 常用绳结打法及应用

2.1 吊桶结（Barrel Hitch）

用途：用于吊起货物，是一种极有效率的悬挂圆柱形物体的方法。

2.2 克氏抓结（Machard Knot）

用途：可用作绳索上升与下降时的副保护绳结，属于摩擦绳结的一种。

特征：当施力时可以收紧绳索，受力释放时可以自由移动，多用于救援人员的自我保护。

2.3 普鲁士抓结（Prusik Hitch）

用途：用鸡爪绳绕主绳结成一圈绳环，用于攀岩、高空救援的保护绳结，与克氏抓结类似。

特征：受力收紧后很难松开，特别在绳子潮湿的情况下，更难松开。

2.4 双平结（Reef Knot）

用途：是一种古老而简单的捆绑结，常被水手用于收帆，也称为索帆结。还可用于连接两根粗细相同的绳索。

特征：左压右，右压左，缠绕方法一旦弄错，就会变成一个活结，用力一拉就会散开。

2.5 蝴蝶结（Alpine Butterfly）

用途：有多种用途，称为"绳结之后"，常用于建立保护站，有时也作为中间结，绕开绳索中有破损部位。

特征：可以在绳索中间打结而无需使用绳子头，能在任何方向受拉，牢固且易解开。

2.6 座椅结（Chair Knot）

用途：是一种系在绳子中央，形成两个可调式锁紧绳环的绳结，当下放人员到安全地带时，可以用作支撑人员的临时安全带。

特征：一个绳环支撑身体，穿过臂下环绕于胸部，另一绳环在膝下支撑腿部，绳环大小可以进行调整。属于多圈结的一种。

2.7 接绳结（Sheet Bend）

用途：常被用于连接两个粗细不等的绳索，若绳索粗细相同，也同样适用。

特征：打法简单，结实可靠，且十分容易拆解。连接不同粗细的绳索时，注意要用细绳穿过粗绳，使细绳压住粗绳，否则连接处会发生打滑。属于连接结的一种。

2.8 双渔夫结（Double Fisherman's Knot）

用途：可形成高强度的绳环，用于连接绳索保护系统的各个部件，也常用于连接两段绳子。

特征：在连接绳索两端时，向里或向外滑动绳结可以调整绳索长度。属于连接结的一种。

2.9 双套结（Clove Hitch）

用途：也称为卷结、丁香结，通常用在开始和结束一段编结之前，尤其在绳索两端受力均等时，效果更佳。

特征：两边绳子都可以负重，适用于水平拉力之下。属于套结的一种。

2.10 称人结（Cowboy Bowline）

用途：也称布林结、腰结，被称为"绳结之王"，是著名的救援结。通过在绳端形成一个固定的绳环，用于深井救援或救援坠落到洞中的人员。

特征：宜结宜解、牢固安全性高、用途广泛、变化多端。

2.11 "8字"套结（Figure Eight Knot）

用途："8字"套结用于在绳索端部形成一个固定的绳环。

特征：打结相对容易，并且牢固，但重载后难以解开。

2.12 桩结（Pile Knot）

用途：用来把索套系在柱桩或固定端上，作为临时固定。

特征：简单易绑，绳圈不会靠近绳子的两端。

2.13 兔耳结（Bunny Ears）

用途：用于攀登时平衡两个地锚，与其他多环绳结相比，更加牢固安全。

特征：可调整绳环大小，每个绳环分摊约50%的载荷。

2.14 连续"8字"结（Figure Eight Knot in Series）

用途：通过在同一条绳索上连续打"8字"结，用于较低高度（3层以下）紧急避难时的人员逃生。

特征：先在一根绳索结出数个"8字"形状，接着把末端的绳头穿过所有绳圈后即可完成。

2.15 包裹结（Packer's Knot）

用途：用于打包或捆扎，属于捆绑绳结的一种。

特征：易于收紧并快速在原位锁定。

2.16 活索结（Mooring Hitch）

用途：是一种可以快速打开的绳结，用于临时固定物体。

特征：在承重时会快速收紧，当拉动自由端时又会瞬间释放。

2.17 滑结（Slip Knot）

用途：用作可以快速解开的止索结，也称活结。

特征：拉动绳索自由端，能够很容易解开绳结。

2.18 单结（Overhand Knot）

用途：是最简单的单股止索结，常用于防止绳端散开，也称半结，属于绳尾结的一种。

特征：是众多基础结之一，也是形成其他许多绳结的基础。

3. 收绳的方法

这是一种将绳子分为左右两边，在不产生扭结的状况下即可将绳子捆绑好的方法（图2）。在分绳子时，一次的长度最好等于两手张开的最

图2　绳索捆绑示意图

大距离。太短的话，捆起来的绳子可能会变得过大。在捆绑时，如果一只手无法应付，也可以放在手腕上。

4. 绳结剩余强度

当绳子是笔直时它的强度是最强的，任何对绳子的弯曲都会使它的强度变弱，弯曲程度越大，绳子的强度越弱。当绳子笔直受力时，绳芯的上、下、内、外是平均受力的，绳子弯曲时，内芯、上或外是被绷紧的，下方内是被压缩的，因此绳子是不再平均分摊受力的，所以强度变弱可想而知。绳结会导致绳索受力的损失，称之为剩余强度。表2列出了不同绳结的相对强度。

表2　不同绳结的相对强度

绳结	相对强度
无绳结	100%
双8字结	70%~75%
布林结	70%~75%
双渔人结	65%~70%
水结	60%~70%
单环结	65%~70%
单结	60%~65%
双套结	60%~65%
平结	45%

由于打结方式的些微差异会造成剩余强度的差异，因此绳索打结时要注意以下几点：

(1) 结形扎实、平顺；

(2) 绳股避免交叉；

(3) 绳圈恰可供锁具扣入即可；

(4) 绳尾至少是绳索直径的十倍（大约是打一个单结的长度）。

5. 辅助装备介绍与使用

5.1 头盔：防止高空坠物以及下降过程中头部和工作面的碰撞。

5.2 安全带：为攀登者和绳索之间提供一种安全、舒适的固定连接。分为全身型、半身型、救助安全带和可倒置吊带四种。

5.3 铁锁

(1) 用途：铁锁是用来连接绳子与保护点，安全带与保护/下降器、携带器材等，在保护系统中作刚性连接。

(2) 材质

合金锁：通常采用7075号铝合金制成，它是由88％的铝、6％的锌、2.5％的镁、2％的铜以及少量的铬、硅、铁、锰、钛组成，重量轻、强度大、耐磨性相对差，如图3所示。

图3　合金锁　　　　　　　　　图4　钢锁

钢锁：重量大、强度大、耐磨性好，如图4所示。

(3) 铁锁使用的注意事项

① 不建议金属物体直接的连接，金属之间的相互作用将会产生较大的应力。对装备产生破坏，但直接与保护点的连接除外（例如扣入挂片

等）。

② 丝扣锁的丝扣在使用过程中必须拧紧。

③ 保证锁在使用中呈纵向受力，避免横向受力，如图5、图6所示。

④ 使用过程中，要经常检查铁锁的位置、锁门，因为许多操作都极易使锁门被蹭开。

⑤ 锁身横断面积的磨损如超过 1/4 应进行更换不再使用。

⑥ 锁门开口一侧要避免与绳子接触。

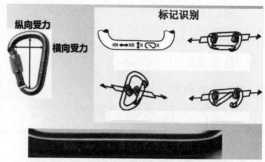

图5　铁锁受力方向示意图

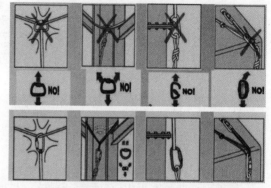

图6　铁锁受力方向选择及解决方案示意图

⑦ 使用中妥善佩戴，避免从高空坠落。如从超过8米的高度坠落在坚硬地面或物体上，则不能继续使用。

⑧ 受力后不得与岩石、硬物撞击，要合理选择连接位置。

5.4 脚手架挂钩

(1) 通常负载较大；

(2) 主要用于三角架与4∶1滑轮组的连接；

(3) 可利用此挂钩将救援人员固定在救援梯上作业；

(4) 可用在其他需要大口径挂钩的地方。

5.5 连接带

(1) 15英尺扁带

① 快速制作安全固定点；

② D形环连接高强度固定带不会降低其强度；

③ 最小断裂强度约35kN。

(2) 1米安全带

① 快速建立固定点；

② 最小断裂强度约35kN；

③ 如果有棱角，可加护垫保护安全带免受磨损。

(3) 手腕提升带

① 解救伤员；

② 直接将提升带捆绑在伤员的手腕上，腕带应裹住静脉一侧以保护血管；

③ 另一端用D形环连接到绳索或其他器材上。

(4) 双人连接带

① 用于连接救援人员与伤员，从而方便救护；

② 终端D形环与伤员连接；

③ 另一端的绳环安全固定；

④ 可通过中间的调节扣调节两人间的最佳距离；

⑤ 适合帮助伤员下降、绳降解救伤员或协助他人进行绳降。

5.6 上升器

单绳技术中解决向上运动问题，攀登中起保护作用。分为手持式和脚踩式两种。

(1) 手持式上升器：适合8～13毫米绳索，底部的圆孔可以连接蹬踏带。

(2) 脚踏式上升器：又称为止锁上升器，作用同鸡爪扣。

5.7 保护器/下降器

对操作者进行保护与下降。分为板状保护器（"8字"环）、管状保护器（ATC）、手控下降器、排型缓降器、STOP等。

(1) 手控下降器

① 功能：下降，绳索悬停，悬停；

② 建议负载30～150kg；

③ 最大负载250kg（救援）。

(2) 板状保护器（"8字"环）

① 适合9～12毫米绳索；

② 下降和悬停。

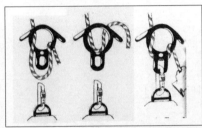
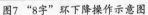

图7 "8字"环下降操作示意图

图8 "8字"环悬停操作示意图

使用"8字"环下降时，操作简单，快速，下降操作如图7所示。在下降过程中还可以根据救援需要实现悬停操作，如图8所示。下降时，一只手要抓紧"8字"环下降器上端的绳索，另一只手抓住"8字"环下方的绳索，通过握力，慢松"8字"环下降器下端的绳索，进行安全下降。

(3) 排型缓降器

① 功能：下降、防悬停。

② 下降时，将绳索顺次穿入条状金属条中，依负荷的不同使用不同个数的金属条。

③ 如果中途需要悬停，将绳索绕在下降器上锁定绳索即可。

(4) STOP下降器

STOP下降器基本由两个定滑轮组成，上面的定滑轮是固定的，起导向、摩擦作用。下面的滑轮，可以活动偏转，还有细小的纹路增大了摩擦力，当绳子通过下面滑轮的角度不同直接影响偏转角度时，那么STOP下降的效果也不同。

(5) 管状保护器（ATC）

绳索以正确方式穿过ATC，注意绳索控制端一定是从ATC具有卡齿的一方出来，切不可穿错方向。

(6) 保护器常用类型及适用范围

① 保护器选择

保护器的种类非常多，你需要仔细选择最合适的款式。选择保护器时需要考虑的因素包括攀登方式和路线风格、绳子的类型和直径、采用单绳还是双绳操作、是否需要轻量化、是否需要用保护器进行下降等、许多现代保护器都可以兼用于下降。

② 保护器的类型

保护器可以分为三大类型：低摩擦保护器、高摩擦保护器和自锁保护器。

低摩擦保护器

低摩擦保护器通常采用简单的管状或板状结构，有两个用于穿绳的孔，孔内侧没有增加摩擦用的花纹或凹槽。在有经验的保护者手里，这样的保护器非常便于控制，但在使用时需要高度集中注意，特别是在绳子直径低于10毫米时。在冰雪地形上进行攀登时，低摩擦保护器非常理想，除此之外，当绳子因冰冻而变粗变硬时，低摩擦保护器也是很好的选择。

高摩擦保护器

与低摩擦保护器相比，高摩擦保护器的孔径通常较小，或是具有增加摩擦用的花纹或凹槽，所以能提供更大的制动力。有些保护器正反两面都可以使用，这样就提供了低摩擦和高摩擦两种模式。

自锁保护器

自锁保护器是指在攀登者发生冲坠时，能够迅速自动锁住绳子的保护器。GRIGRI可以说是自锁保护器的典型代表，其他自锁保护器的原理都跟它类似。自锁保护器的工作原理很像汽车安全带，当绳子上的冲击力达到一定程度时，保护器内部的凸轮就会压住绳子，产生和冲击力成正比的制动力。保护器外侧的手柄可以控制凸轮归位，让绳子能够正常移动。也只有少数自锁保护器采用被动原理，没有活化部件，只依靠绳子承受冲击时保护器本身的角度变化产生制动力。表3列出了常用保护器的原理、优缺点及局限性。

表3　常用保护器对比表

名　称	保护原理	优　点	缺　点	局限性
GRIGRI	凸轮挤压	辅助制动 保护时省力	先锋攀登保护中绳子松紧度不好把握（所以先锋保护时不建议使用） 操作繁琐，容易操作错误，引发安全事故	只能用于单绳操作
STOP	摩擦加凸轮挤压	可用于长距离下降 有自锁功能	重量重 操作相对复杂	只能用于单绳操作
I'D	凸轮挤压	可用于长距离下降 有自锁功能 防恐慌功能	重量重 操作相对复杂	只能用于单绳操作

5.8 滑轮

(1) 种类：单滑轮、双滑轮起重滑轮、锁止滑轮等。

(2) 作用：改变受力方向、组装滑轮组、锁止定位等。

5.9 边缘保护器材

用于保护绳索不受棱角的磨损，减小绳索与棱角的摩擦。

5.10 三角架

便携式固定装置，用于架设和固定支点、深井救援等。

5.11 锚分配器

增加固定支点，常用在救援现场固定支点较难寻找情况下，通过锚分配器拓展支点数量。

5.12 救助担架

分为篮式和卷式担架，常用于狭小空间救援及伤员运送等。

5.13 金属救援器材的维护

(1) 每次使用前后必须仔细检查器材，如果发现有变形、裂痕、磨损、倒刺或明显的能够影响其安全性或对绳索有破坏性的情况，应立即停止使用。

(2) 避免与强酸强碱或有腐蚀性的物体接触。

(3) 每次使用完毕后，应将金属器材用清水或肥皂水清洗干净，进行自然风干。

(4) 存放在干燥的环境中。

(5)为了防止钢制器材出现锈蚀，可以在表面涂适量的润滑油。

课目三 马蜂窝摘除

1. 马蜂的分类、特征

名称：马蜂学名胡蜂，俗名马蜂、黄蜂，南方及台湾地区称虎头蜂。动物百科将马蜂定义为：膜翅目细腰亚目针尾部总科，统称为胡蜂。是体壁坚厚，光滑少毛，静止时前翅纵折，具强螫针的一种蜂类。

种类：全世界约有1.5万种胡蜂，中国记载的有200余种。主要有大胡蜂、小胡蜂、青花胡蜂、金环胡蜂、墨胸胡蜂和黄蜂等。

体型：马蜂体型特点就是个头大。与中华蜜蜂（体长约1.5厘米）相比，中国常见的马蜂都是"彪形大汉"。如黑盾胡蜂、黄脚胡蜂、小黄腰胡蜂体长约2.5厘米，黄腰胡蜂超过3厘米，黑尾胡蜂长4厘米，而中华大虎头蜂更长达5厘米，如成年男子拇指般大小。体大则分泌毒液多。

胡蜂身体多呈黑、黄、棕三色相间，有的也呈单一体色。

食性：为捕食性蜂类。胡蜂为群居杂食性昆虫，食性广，喜欢捕食其他昆虫，比如蜜蜂、蜻蜓等，最嗜食甜性物质。胡蜂有强劲的双颚，能轻易咬穿塑料袋、尼龙网，只要时间足够，还能啃穿木板、水泥墙体等。

毒性：雌胡蜂腹部6节，末端有由产卵器形成的螫针，上连毒囊，毒液便由此分泌，毒性较强。人被胡蜂蜇过后会产生过敏性昏迷，如不及时救治就会因呼吸系统或是肾脏系统衰竭而死亡。胡蜂在蜇人后与蜜蜂的区别就在于其大多会将毒刺缩回，可再继续蜇人。

致毒物质：在组成蜂毒的多肽类物质中，蜂毒肽的含量最高，约占干蜂毒的50%。正是这一成分成为患者致病致死的罪魁祸首。因为蜂毒肽是一种强烈的心脏毒素，具有收缩血管的作用，同时蜂毒的血溶性又极强，因此对心脏的损害也就极大。遇袭者在被蜇以后，普遍出现头痛、恶心、呕吐、发热、腹泻、气喘、气急、呼吸困难等诸多症状，以致肌肉痉挛，昏迷不醒，严重者出现溶血、急性肾功能衰竭而致死。临床死亡病例多是由于心脏或是肾脏功能的损害而致死的。

2. 马蜂的习性

2.1 春暖时节开始筑巢，秋天繁殖到高峰，冬季衰竭。

2.2 昼出夜伏，晴朗炎热的白天活动力尤强，夜间和雨天活动力相对较弱。

2.3 对鲜艳色彩、近距离攻击性动作（如拍打、挥舞等手势）、呼吸的气流、人体汗味等较为敏感。

2.4 趋光，怕烟火，遇硝烟立即昏迷，大部分杀虫剂对其有效。

2.5 杀死一只孤蜂可能招致群蜂攻击。杀死单独活动的马蜂，其释放的化学物质往往招来群蜂。

2.6 集中攻击同一个目标。一只蜂进攻得手，蜂毒能起到指示气味的作用，引导蜂群把毒刺刺向同一个敌人。

2.7 适应现代城市环境，野蜂进城之势日盛。

3. 安全剿灭马蜂窝

3.1 方法

(1) 烟熏

硝烟中的二氧化硫对杀伤马蜂有奇效，可致马蜂瞬间昏迷。云南哀牢山区哈尼人喜食马蜂幼虫和蜂蛹，极善于野蜂家养，他们的办法就是点燃导火索、烟花药，将整窝野蜂熏昏后取回家。将导火索点燃后迅速堵住蜂窝口向内喷烟，硝烟可使整窝马蜂立即昏迷，昏睡40分钟后才能恢复。对于较大的蜂窝，发烟量要大，可以将几段导火索扎成捆同时点燃。此法优点是导火索、烟花等都是绝佳的武器，效果佳，易于获取。其缺点是导火索、烟花等存放有一定危险性，要求操作迅速熟练，操作中有一定危险，易燃易爆场所不能使用。

(2) 药杀

大部分杀虫剂对马蜂有效，马蜂被喷到后在短时间内失去行动能力。摘除蜂窝后对其附着的根部喷药后，马蜂不会在原地反复筑巢。此法优点是材料易于获得，操作方便，基本无危险，适用范围广，没有特殊要求。缺点是对蜂窝内部蜂群无效，效果较差。

(3) 火攻

马蜂皆惧火，除被直接烧死外，还有烟熏的效果。可以制作火把，对有安全用火条件的大型蜂窝，用大火烧，效果很好。若采用杀虫喷剂，其驱动介质多为易燃性液化气体，可以直接点燃起到双重效果，火焰喷射远，火力强，有奇效。此法对环境安全要求高，很多场合不适用。若点火前惊扰了蜂群，或者初期火势较小，可能招致蜂群疯狂攻击，特别要注意对周围人员的疏散。

(4) 套袋

用袋子将整个蜂窝套住，扎紧袋口，从根部铲除摘下。此法要求袋子要有足够的强度，防止被马蜂咬破；袋子大小要合适，小了罩不住，惊动了蜂窝会使行动变得十分麻烦，甚至失败，所以事先侦察很重要。

此法不能单独使用，必须在使用以上三法之一，使蜂群基本被杀灭或被控制后，才能实施。同时，不论采用前述三法中的哪一种，套袋摘除都是必须的最后步骤。套袋摘除后，马蜂在袋内活动，也可以向袋内施烟，并尽快杀灭。

3.2 安全防护

主攻队员和地面近距离设施保护的人员必须着防蜂服。在安全距离外指挥、观察、警戒的人员可着救援服，进行必要的防护，并保持安全距离。登高作业必须进行高空安全防护，系牢安全绳，用绳索吊升必须有牢固的保护点；梯子必须有专人护梯，实施操作前必须检查确认防护措施到位，有充足的操作空间。

3.3 警戒疏散

到达现场后，指挥员和主攻队员在不惊扰蜂群的前提下，就近观察蜂窝和蜂群活动情况，观察地情，再次确认方案可行后，根据具体情况设置安全警戒范围，疏散警戒范围内的居民和无关人员，在各路口设置安全员，防止群众闯入招致蜂群报复攻击。

3.4 行动

(1) 行动前准备：按事先确定的方案，队员检查确定安全防护到位，各类工具、器材、装备就绪，指挥员检查确认无误。

(2) 安全接近：2名主攻队员（在地面安全保护人员协助下）沿安全途径接近蜂窝，近距离观察蜂窝和蜂群活动情况，在尽量不惊扰蜂群的前提下，处于方便操作的位置，作好安全保护，系好安全绳，留足操作空间。

(3) 按事先确定的方法，实施烟熏、喷杀或火烧，等蜂群基本被控制后，适时实施套袋、封口、铲除，并对蜂窝附着的根部喷洒杀虫剂。

(4) 将蜂窝迅速转移安全处理。

(5) 对现场残存的蜂只进行清理杀灭，清理现场物品。

3.5 紧急救护

当被马蜂蜇伤后，要仔细检查伤处，若皮内留有毒刺，应先拔除，可用镊子夹出。被蜇后伴有局部皮肤疼痛、搔痒、红热肿胀等反应，通常用肥皂水反复多次清洗局部，外用风油精、清凉油，伤势严重者要及时送医。对于马蜂蜇伤，目前尚无特效药物治疗。根据资料，以下这些方法有不同程度的效果。

(1) 用新鲜牛奶涂擦。

(2) 可先用肥皂水或3％氨水、5％碳酸氢钠液（食用碱兑水，俗称苏打水）、食盐水等洗敷伤口。有些蜂种可能要用食醋洗敷。

(3) 南通蛇药（季德胜蛇药）片，用温水溶化后涂于伤口周围，有解毒、止痛、消肿之功效。

(4) 大蒜、生姜捣烂，鲜茄子切开，涂擦患处；半边莲、蒲公英、野菊花、韭菜一同或单种捣烂敷患处。

3.6 注意事项

(1) 高空操作时，一定要系牢安全绳。

(2) 系安全绳、吊升操作时，要防止队员被意外蜇伤后不能快速放下，或者身体倒挂导致呼吸不畅危及生命。

(3) 主攻队员到达操作位置后，一定要看清身体周围情况，留出足够的操作空间，计划好撤退路线，防止蜂群惊扰后手忙脚乱发生坠落、划破面罩等意外。

课目四　人员搜索

1. 分区

以下两种策略可以用来判断如何合理安排搜索资源：

1.1 将待搜索区域分区

根据待搜索灾区域面积的不同和可支配资源的数量，将其按城市街区或其他易于辨识的标准来划分。按照面积比例将资源配置到每个待搜索区域。这种区域划分的方式对于面积较小的搜索区域较为适用，但是对于较大的区域——例如一个城市或城市的一部分来说，由于资源限制，这种方法并不实用。

1.2 针对不同类别设置搜索优先级。

最可能有幸存者的地区（根据建筑物类型来判断）以及潜在幸存人数最多地区（根据受灾建筑的用途判断）应给予优先考虑。例如学校、医院、养老院、高层建筑、复合住宅区和办公楼等，应优先开展搜救行动。

1.3 对于专业救援队伍，分区应考虑的因素包括：定义工作区界线；队伍的现场处置能力；队伍的后勤保障能力；队伍的救援能力等。

2. 搜救目标的评估与优选

在搜救分区模型研究的基础上，需要综合考虑多种因素，对搜救目标进行评估和优选。对于建筑物的类型、倒塌特点等，可基于专家的判断获取，对于幸存者的情况等信息则需要通过问询获取。

主要考虑建筑物倒塌情况、残存空间情况、幸存者情况、安全与进入条件 4 类因素。对倒塌建筑物进行分类评价，首先要考虑建筑物安全、可进入这一因素，在将建筑物划分为可进入和需处理后才能进入这两种情况的基础上，给出倒塌建筑物的搜救目标优选表。

建筑物的可进入行为可从以下几个方面考虑：

2.1 次生火灾。突发震害事件时，很可能存在火灾隐患引发火灾，因此在以上优化选择的基础上要优先选择没有火灾隐患的区域，对于存在火灾隐患的区域要采取一定措施才可进入。

2.2 有毒、有害气体。在震害导致的建筑物倒塌事故中，家用煤气、化工厂等可能会出现危险气体的泄漏，因此在进入倒塌建筑物搜索之前，要先了解该建筑物的功能和性质，如果存在有毒、有害气体则不宜优先进入，一定要在检查、排除此隐患后才可进入。

2.3 二次坍塌危险。二次坍塌主要是由于震动和破拆工作等引发建筑结构不稳造成的，因此对于本身较稳定，但震动后可能发生再次坍塌的区域不宜作为优先选择的区域，进入前应当首先采取支撑等措施。

3. 针对特定目标的搜救行动方案

针对特定建筑物的搜救行动可按10个步骤实施：了解建筑物基本情况、倒塌形式分析、破坏定位、确认残存空间、行动方案制定、人员搜索、人员营救、支撑防护、撤离出幸存者、监控与预警。这些步骤是贯穿在整个搜救行动中的，根据现场实际情况作具体调整。

3.1 了解目标基本情况

主要应该关注以下方面：建筑物结构类型与用途、倒塌特点、可能的幸存者分布区域等。

如判别幸存者可能的分布区域或残存空间时可参考以下区域：预制板之间；被困在预制板下面的车辆里（如立式停车场）；极有可能使人幸免于难的可避难区域；倒塌的墙下；地下室及其他地下场所；坍塌地板下的空隙；楼梯下及楼梯间里；结实家具中的空间；保险柜、洗衣机、书桌旁等。

3.2 搜救行动方案的制定

首先是根据对基本情况的了解，确定主要的搜索区域。包括根据建筑倒塌特点和现场情况确定搜索方式和顺序，如可依次采用人工搜索、犬搜索、声波和光学设备搜索等。

其次是营救路线的确定。进入倒塌建筑物时可能有多条路线，此时应当以可安全进入直至接近目标并能安全转移出埋压者的路线为最佳路线，当然同时要考虑在时间和路程上最短的路线。

最后是根据营救区域的大小和难易程度，进行人员和工具分配，有些区域可以使用大型的起重设备，但是有些区域只适合短小精悍的操作工具，一定要有计划地配备人员和工具。

3.3 搜救区域的管理

首先要设置安全员。对救援过程实施全程的安全监控，保证救援队员和被救人员的安全，防止余震、二次倒塌等造成的伤害。

其次，医疗处置也应贯穿于救援全过程，即对确定的被困人员要尽可能地进行医疗监控，并采取措施保证其生命体征的维持。如采取输液等方式保证其生命状态的维持。在救出被困人员后，要及时地采取医疗处置，避免因为其他原因造成死亡。

最后，对救援现场要进行合理分区和管理，预先计划好伤员转出后的紧急安置位置和输出线路，设置必要的警戒线，防止民众涌入干扰救援工作的进行。在救出所有发现的幸存者后，一般要再进行一次全面的搜索，以确保再无生还人员，才能撤离现场。

4. 搜索方式

4.1 仪器搜索

(1) 使用音频设备，需要在建筑物或待搜索区周边部署至少两个探测器，现场环境要尽可能保持安静。

(2) 使用雷达生命检测设备时，疏散周边无关人员，避免信号干扰。

(3) 应该另派一名仪器搜索人员对可疑地区独立进行确认。如果第二名搜索人员也确认该区域可疑，则标示该区域。标示结果应尽快报送搜救行动指挥部，以利于营救小队尽快开展营救行动。

(4) 搜救人员可在坍塌建筑物表面（例如楼板上）钻出一系列观察孔，搜索人员随后使用光导成像设备进行快速侦测。

(5) 因为光导成像设备可以清楚地看到幸存者，通常不需要进行二次确认。如果光导成像设备的操作人员还需要继续对其他区域进行搜索，应使用红色警戒线标示该区域有幸存者。标示信息应尽快报送搜救行动指挥部，营救分队马上展开营救行动。

4.2 人工搜索

(1) 在受灾区域内部署人工搜索人员，直接对空穴和狭小区域进行搜索，寻找幸存者。人工搜索人员可对受灾区域进行目视搜索。可以排并注意倾听幸存者发出的声音。

(2) 使用大功率扬声器或其他喊话设备向被困的幸存者喊话并给予指示。然后保持受灾区域安静，人工搜索人员应仔细倾听并标示出有声音的区域。

(3) 人工搜索比其他搜索方式更为便捷，但搜救人员在受灾区域进行人工搜索有一定风险。

5. 搜索分队设置

5.1 搜索分队组成

队长：分队的领导者，概括情况并记录信息，与指挥部联络沟通，描述细节和提出建议。

搜救犬专家：执行搜救犬搜索并对发现的幸存者进一步确认。

技术搜索人员：执行电子仪器搜索。

医疗急救人员：为幸存者及参与搜救人员提供医疗急救处理。

结构专家：评估建筑物稳固性，并提出支撑加固建议。

有毒物质处理专家：监测搜索区域及周边空气状况，评估、鉴别并标记出毒物的威胁。

营救专家：对搜索分队进行辅助，包括为电子监视设备（相机、摄像机）钻孔摆放，并负责设置监听措施。

5.2 搜索分队任务

(1) 对受灾区域内建筑物进行侦查评测。包括建筑物结构、估测和系统报告。这项工作对于确定搜救优先级、评测和进行系统报告等工作非常重要。

(2) 幸存者位置确认。包括搜救犬、仪器和人工搜索对幸存者位置进行确认；幸存者位置应该被明确标示。

(3) 对于危害的鉴别和标示。评判任何潜在危险，例如建筑物的悬空部分、结构不稳或者潜在坍塌区域、有害物质、煤气、水电等。危险区域应该用警戒线标示并进行管制。

(4) 对受灾区域内部及周边的基本空气情况进行评估。

(5) 对搜索区域进行信息概括，并列出所有需要注意的问题。向搜救行动指挥部报告搜索发现，并就搜救优先顺序安排提出建议。

课目五 现场警示与标记

1. 建筑物状态标记

建筑物状态标记表达的信息包括建筑物破坏程度、稳定性、结构类型、用途、倒塌类型和建筑物周围环境信息。遵循简单易懂的原则，把建筑物喷绘标记分为建筑物信息标记和建筑物倒塌类型标记。建筑物信息标记表示建筑物破坏程度、稳定性、高度、结构类型、用途和周围环境状态；建筑物倒塌类型标记传达建筑物倒塌类型信息，向救援人员提示可能的幸存空间信息。

需要说明的是为了适用于救援行动，我们把建筑物破坏程度分成倒塌、严重破坏和一般破坏3个级别，建筑物稳定性分成基本稳定(可进入实施救援行动)、需要支撑(经支撑后可以展开救援行动)和不宜展开救援行动3个级别。建筑物结构类型分为钢结构、钢筋混泥土结构、砖混结构、砖木结构和其他结构5类。按照建筑物高度分为高层、多层和单层3

种。按照用途将建筑物分为4类：第Ⅰ类昼夜连续使用的建筑物，如不中断运行的公用建筑、医院病房等；第Ⅱ类，正常工作制下使用的建筑物，如厂房、学校、办公楼、幼儿园等；第Ⅲ类，居住型建筑物，如住宅、宿舍、旅馆等；第Ⅳ类，超正常服务的建筑物，如商业服务建筑、文化娱乐设施等。

1.1 建筑物信息标记

建筑物信息标记的基础图形为一个正方形，在此基础上叠加文字和符号传达建筑物不同的状态和信息。

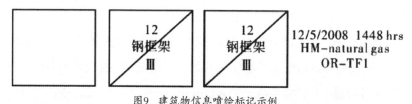

图9　建筑物信息喷绘标记示例

如图9所示，左边的方框为建筑物基础图形，表示损坏很轻，倒塌的危险很小，是可安全进入实施搜索与救援行动的建筑物。

中间的图形符号是表示钢框架结构、楼层数为12、属于第Ⅲ类、破坏比较严重，但是经支撑后可以进入实施搜索与救援行动的建筑物。

右边的符号在中间符号的基础上在方框右外侧增加了文字符号，说明该建筑物于2008年5月12日14:48已经由OR-TF1救援队完成了搜索评估，评估结果是建筑物内存在有害气体需要处置的信息。

1.2 建筑物倒塌类型标记

建筑物倒塌类型标记采用象形和写意的方法展示建筑物的倒塌形态，向救援人员提示可能的幸存空间信息。

图10为两种建筑物倒塌类型标记示例。图10(a) 为地板斜靠型倒塌，塌落部

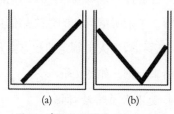

图10　建筑物倒塌类型标记示例

分通常两端被支撑住，上端被墙支撑住，下端抵在地板或瓦砾上，有较大的幸存空间。

图10(b) 为V形倒塌，废墟源于重型载荷致使地板在靠近中央的地方塌落，废墟两端高于中间，上方居住者一般在废墟底端的瓦砾里，下方幸存者一般在地板下被支撑住的空间内。

2. 警戒标记

在开展搜救工作之前，必须立即将受灾区域设为禁区，一个只允许搜救队伍和其他救援人员进入的工作区域，并在工作区域周围设置封锁线保证相关工作人员的安全，如图11(a) 所示。

坍塌现场附近可能会发生二次坍塌、坠物或其他危险情况（例如余震等），将这些区域划为坍塌/危险区域。该区域只限搜救队伍中负责搜索和进行救援工作的主要队员进入。未被许可进入该区域的搜救人员，必需留在该区域以外，如图11(b) 所示。

(a)   (b)

图11 警戒标示

3. 危险物标识

通过对现场周围群众的询问以及现场的观察，了解可能存在的危险品信息，进行标识。为后续救援人员制定搜救方案及安全决策提供科学依据，如图12所示。

GAS	= 气体
CHEM	= 化学物质
RAD	= 放射性物质
EXPL	= 易爆炸物质
ELEC	= 漏电
COLL	= 倒塌危险
FUEL	= 泄漏

图12 危险物标识示例

4. 受困人员喷绘标记

受困人员标记传达压埋人员数量、状态等

信息，标记基本形
状为V形符号，在
此基础上叠加文字
和符号传达特定的
信息。字母"V"
表示附近有或可能

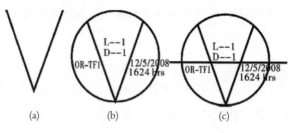

图13 受困人员喷绘标记示例

有受困者，字母"L"加数字表示幸存者的数量，字母"D"加数字表示
死亡者的数量。在"V"形的外面加一个圆圈，表示确认有受困者。在
"V"形中心划一条横线，表示受困者已经被救出。

图13(a)为压埋人员标记基础图形，表示此处可能有受困人员，人数
和状态不详；图13(b)表示该处有1个幸存的受困人员，一个已死亡的受
困人员，由OR-TF1搜索队于2008年5月12日16:24确认；图13(c)表示该
处有1个幸存的受困人员，一个已死亡的受困人员，由OR-TF1搜索队于
2008年5月12日16:24确认，目前受困人员已经被转移。

5. 搜救行动喷绘标记

5.1 搜救行动喷绘标记表示建筑物搜索评估和营救行动信息，搜索
行动信息包括搜索行动状态、搜索小组名称、采用的搜索方法和搜索结
果等。救援行动信息包括救援行动状态、救援小组名称和救援结果等。

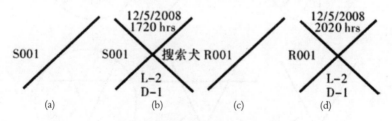

图14 搜救行动喷绘标记示例

图14(a) 表示S001搜索队正在进行搜索；

图14(b) 表示该建筑物已经由S001搜索队采用搜索犬搜索方法，于

2008年5月12日17:20完成了搜索，搜索结果表明该建筑物内有2个幸存人员和1个遇难者；

图14(c) 表示R001营救队正在进行营救；

图14(d) 表示该建筑物由R001营救队于2008年5月12日20:20完成了营救行动，营救结果是2人幸存1人遇难。

5.2 灾害现场救援行动喷绘标记使用要求

(1) 建筑物基础信息标记符号的基础图形为1米×1米的正方形，搜救行动标记符号的基础图形是1米×1米正方形的两条对角线，线宽应为10厘米，当书写或喷涂场地大小有限时，可根据实际情况适当缩小。

(2) 地震现场救援行动标记符号的颜色以清晰醒目为原则，应采用橙色或其他醒目颜色的喷漆书写。

(3) 建筑物基础信息标记符号和建筑物搜救行动标记符号，应书写在建筑物外部入口处。建筑物受困人员标记符号应书写在压埋地点附近。

5.3 搜索标记

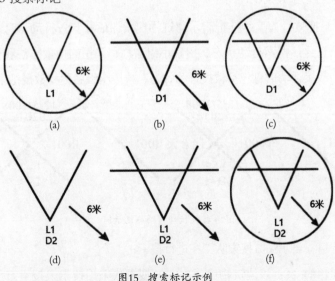

图15 搜索标记示例

图15(a) 表示箭头所指6米处，有1名幸存者，且已被救出。

图15(b) 表示箭头所指6米处，有1名遇难者。

图15(c) 表示箭头所指6米处，有1名遇难者，且遗体已被救出。

图15(d) 表示在某处同时发现幸存者和遇难者，即在箭头所指6米处，有1名幸存者和2名遇难者的遗体。

图15(e) 表示1名幸存者已救出，只剩下2名遇难者。

图15(f) 表示1名幸存者及2名遇难者遗体都被已被救出。

课目六　现场救援技术

1. 救援原则

抢救受困者生命是震害发生后紧急救助的核心。紧急救助就是尽一切努力，争取在最短的时间内将受困者解救出来。而要达到这个目标，应遵循以下原则：

1.1 以人为本，救命为先。震害发生后，抢救人的生命始终是第一位的。

1.2 注意安全，突出重点。为了减少伤亡，必须讲究救助方法，防止受困者出现"再次伤害"。同时，参加救援的人员也应注意自身安全。为了提高救援效率，增强救援力量，应重点把那些能参加紧急救援的受困者抢救出来。

1.3 统一指挥，协调配合。在灾害现场，抢险救灾队伍由多种力量组成，有自愿的，也有专业的。因此，各种抢险救灾队伍必须在指挥部统一指挥下，密切配合，协同奋战，这是最大限度地减轻生命财产损失，夺取救灾胜利的根本保证。

1.4 先易后难，分段实施。首先把容易发现和救出的人员解救出来，再根据救援人力、资源和受困者所处的环境状况，确定救助方案，按规范的程序分阶段、有计划、有步骤地开展救助活动。

2. 救援分级

2.1 基本救援

以最小的代价进行建筑物倒塌事件的有效搜索与救援活动。这一层次的救援人员应当有能力进行地面救援，包括清理场地和建筑物内部，以保障幸存者可以从未倒塌的地方安全出入。救援活动也包括将压埋的幸存者从家具和其他物件下解救出来。

2.2 轻型救援

可以在轻型建筑物框架倒塌的情况下，以最小的代价实施有效的搜索与救援活动。救援人员除了具有基本的能力，也应满足以下条件：

(1) 掌握搜索的基本原理和策略，能运用这些理论和策略对可能的存活幸存者进行搜索和定位。

(2) 掌握搜索定位设备的使用方法，并能运用这些工具快速对幸存者实施有效的搜索定位。这些设备包括雷达、光学、声学探测仪和红外热成像仪等，并具有引导救援犬的能力。

2.3 中型救援

以最小的代价在结构严重破坏的建筑物中，进行有效的搜索与救援活动。搜索救援队除应当具备轻型救援要求外，还应具备以下条件：

(1) 掌握和处理拆除、破碎轻重型混凝土块及墙体的方法与技术。

(2) 具备操作所有用于重型任务工具的能力。

(3) 具有使用常用重型设备和动力设备的能力。

2.4 重型救援

可以在有大量混凝土、钢架结构严重破坏的情况下，以最小的代价实施有效的搜索和救援活动。搜索救援队员除应当掌握以上层次的搜索、救援能力外，还应当熟练掌握切断、拆除、扩张、举升等装备的原理和使用方法，并具有移动大型混凝土和钢架的能力。

3. 救援场地

经过搜索定位确定了受困者的准确位置后，还必须摸清受困者所处环境状况，疏通解救道路，防止和避免再次伤害，才能尽快地、安全地把受困者解救出来。受困者所处环境主要分为以下几种情况：

①建筑物倒塌空间；②狭窄危险场地；③高空；④地下建（构）筑坍塌空间。

4. 救援技术

4.1 支撑技术

(1) 用支架或顶升设备支撑有倒塌或垮塌危险的墙体和楼板，以保护救援者和被困者；用顶升设备顶起倒塌的梁、柱、楼板，形成空间后接近并救援幸存者。

(2) 注意事项：① 以上方法适用压埋不深和压埋物能够被托起的状况；② 应采用合适的支撑，并考虑基础和材料的坚实，一旦做好支撑，不允许再移动支撑物。

4.2 钻孔技术

(1) 用扩张、切割或钻孔设备在建筑废墟上面拓开一个空隙，利用工作梯靠近并救援幸存者。

(2) 注意事项：① 在钻孔实施过程中应保证足够的支撑材料；② 在受限空间和缺氧空间保持通风；③ 估计废墟的稳定性及其他条件。

4.3 破拆技术

(1) 快速破拆法

① 指为了搜救废墟中的受困人员，在安全的情况下，救援队员综合利用多种破拆手段，在倒塌建筑物构件中快速打开人员进出通道的一种破拆方法。

② 步骤

a.确定破拆范围。在破拆体的适当位置，使用划线工具画出人员进出口的位置、大小、形状。只要现场情况允许，确定进出口位置应尽量偏离受困者。

b.破碎混凝土。首先在圆形靠近中心点的位置钻凿一个缺口，然后分别在该缺口的四周进行钻凿，直径一般在60～90厘米。

c.处理钢筋。在剪断混凝土构件内的钢筋时，不应过于靠近钢筋根部剪切，应留出10～15厘米，用于后续安全处理。

(2) 安全破拆法

① 指在破拆救援行动中，为避免受困人员受到二次伤害，救援队员采取事先固定破拆体，然后再对破拆体进行切割的一种安全的破拆方法，也称干净破拆法。

② 步骤

a.确定破拆范围。在破拆体的适当位置，使用划线工具画出人员进出口的位置、大小、形状。只要现场情况允许，确定进出口位置应尽量偏离受困者的正上方，以免破拆时跌落碎块砸中受困者，出口大小一般为正三角形，边长在60～90厘米。

b.固定破拆体。一名救援人员利用电钻在三角形中心点上打孔，然后打入膨胀螺钉固定，固定后在破拆体上方架设三角架，利用垂下的钢丝牵拉膨胀螺钉。

c.切割吊离。救援队员使用切割装备，如内燃无齿锯、液压圆盘锯等，将三角形部分的预制板切割并移出原来的位置。切割法分为直接安全切割法和间接安全切割法。

(3) 注意事项

① 避免废墟各墙及地板碎片落到受害人身上造成后果；

② 不能破坏房屋原有的支撑；

③ 考虑可能存在电路和毒气；

④ 移走废墟，创建安全的工作环境。

4.4 挖掘技术

(1) 挖掘方式

救援人员要根据现场实际情况和被困者生存空间类型，选择合适的挖掘方式，实现救援效率最大化。表4列出了不同挖掘方式的使用情况。

表4 不同类型挖掘方式的使用条件

类型	使用条件
横挖	被困者上下方救援困难、倾斜式和V形式的生存空间，通过横向挖洞开辟救生通道时使用
上挖	上部有大型建筑构件埋压，上部救援困难，易破坏被困者的生存空间，被困者下方地面易于破拆开辟救生通道且有一定的操作空间，从下面通过向上挖洞救援方便
下挖	被大型建筑构件埋压，被困者下方地面坚硬或无法挖掘，无法从侧面救援，现场无起吊设施时使用

(2) 注意事项：① 保证足够的支撑材料；② 在受限空间和缺氧空间保持通风；③ 估计废墟和土壤的稳定性及其他条件；④ 使用重型机械和工具时注意振动引起的二次伤害；⑤ 注意边缘保护。

课目七 现场急救处理

1. 现场急救原则

总任务是采取及时有效的急救措施和技术，最大限度地减少伤员的疾苦，降低致残率，为医院抢救打下基础。现场急救必须遵守以下八条原则：① 立即协助伤员，脱离险区，并快速评估；② 坚持先救命后治病的指导思想；③ 先复苏后固定；④ 先止血后包扎；⑤ 先重伤后轻伤；⑥ 先救治后运送；⑦ 急救与呼救并重；⑧ 搬运与医护一致。

2. 现场急救伤员分类

2.1 现场伤员伤情的判断

判断一个伤员的伤情应在1～2分钟内完成。

(1) 呼吸情况，用看、听、感来判定。

看：通过观察伤者胸廓的起伏或用棉花贴在伤者的鼻翼上看是否摆动。如吸气时胸廓上提，呼气时下降或棉花有摆动，即提示呼吸存在；反之，呼吸已停。

听：侧头用耳尽量接近伤者的鼻部，听是否有气流声。

感：在听的同时，用脸感觉有无气流呼出。如能感到有，说明尚有呼吸。

(2) 脉搏和损伤情况，用触、看、量来检查。

触：成人，触摸其腕动观察脉有无搏动及强弱；婴儿，应触摸其颈动脉观察有无搏动及强弱。

看：头部、胸廓、脊柱、四肢是否损伤。骨折、内脏损伤、大出血等都是重点判断项目。

量：测量伤者血压，收缩压不低于90 mmHg(12 kPa)，否则可能因脏器缺血导致晕厥或休克

3. 伤情分类

伤情分类方法较多，但至今尚无一个系统而全面的伤情分类。现按地震灾难事故的损伤程度分类方法将伤员分为四类：

3.1 轻微伤：多指皮肤的一些小擦伤和轻微挫伤等。

3.2 轻伤：指软组织损伤，短骨干、手指及脚趾骨折，关节脱位等。

3.3 重伤：严重大面积撕脱伤，长骨干骨折、骨盆骨折，视力、听力丧失，内脏破裂、内出血等。

3.4 致命伤：直接导致死亡的损伤。现场处置的重点是重伤，其次是轻伤。

4. 常用现场急救技术

4.1 伤情的紧急处理

(1) 一般在震后往往出现成批的伤员，在不能照顾周全时，在不影响急救处理的情况下，救援人员应给予伤员具有最大安全性的体位，使其平卧头偏向一侧或屈膝侧卧位，这种体位可以使伤员最大限度地放松，且保持呼吸道畅通，以防止误吸的发生。放置好伤员体位后，要注意保暖，并酌情进行伤口急救处理。如无必要，不要对清醒者反复提问，要尽量使伤员安静休息并减轻心理压力。

(2) 开放气道

① 伤员正确的体位应为仰卧位。让伤员仰卧于硬质的平面上，头部稍低，两臂平放于身旁。帮助伤员仰卧时，急救人员用双手托住伤员头、肩、臂部同时施力，以伤员身体脊柱为轴线轻轻转动，切勿使身体扭曲，以免脊柱损伤造成截瘫，直至将轻放至正确的仰卧位，为进行有效的心肺复苏做好准备。

② 开放气道的步骤是：伤员口腔内有异物或义齿、呕吐物或液体，救援者可用手指缠上纱布，将其口腔内污物清除干净，义齿取下。方法主要包括托下颌法、仰面拖颌法和仰面拖颈法。

(3) 止血

① 创伤出血比较常见，也是较危险的。当伤员受伤后失血量达到总量的20%以上时，可出现明显的临床症状；如果是大出血且失血量达到总量的40%以上时，就会出现生命危险。因此，争取时间采取有效的止血措施对抢救伤员的生命具有非常重要的意义。

② 止血的主要方法有：

a.加压包扎止血法：先将无菌敷料覆盖在伤口上，再用绷带或三角巾以适当压力包扎，其松紧度以能达到止血目的为宜。

b.填塞止血法：用无菌敷料填入伤口内，外加大块敷料加压包扎。

c.压迫止血法：用手指、手掌或拳头压迫伤口近心端的动脉，将动脉压向深部的骨骼以阻断血液流通，达到临时止血的目的。

d.止血带止血法：一般只适用于四肢大动脉出血或采用加压包扎后不能有效控制的大出血时才选用。

(4) 包扎

① 包扎是外伤急救最常用的方法，应用广泛，使用的器材也很简便。常用的材料有绷带、三角巾等。在现场还可以就地取材，如毛巾、头巾、手帕、衣服、领带等进行包扎。

② 包扎时应该做到快、准、轻、牢。

a.开放性气胸：当胸部受伤发生开放性气胸时，应立即用比伤口面积大、厚实的棉布块或毛巾垫，在伤员呼气之末迅速严密覆盖胸壁伤口（如有不透气的塑料薄膜、玻璃纸等效果会更好），再用绷带或三角巾缠绕胸壁加压包扎，尽快送往医院。

b.腹腔内脏脱出：腹壁出现较大伤口时，腹腔内脏器会经伤口脱出体表，这时不要把脱出的内脏送回腹腔，以免加重腹腔感染。应该先让伤员仰卧屈膝，放松腹肌用较大快的清洁布单或敷料盖住脱出的内脏（既容易找到效果又好的是清洁柔软的塑料食品袋），再用一个干净、大小合适的容器（如饭碗、小盆等）扣在上面，以保护脱出的脏器，最后用腹带或三角巾在容器外包扎固定。注意不可使容器的边缘压住脱出的脏器，以免发生缺血坏死。

c.脑膨出：发生脑膨出时，伤员大部分处于昏迷状态。因此，应将伤员侧卧或俯、侧中间位，解开领扣和腰带，保持呼吸通畅。先用纱布、手帕等在膨出的脑组织四周围成一个保护圈，再用清洁敷料覆盖脑组织，然后用干净容器（如碗、小盆）扣在上面，再用三角巾包扎。包扎时动作要轻，切勿压迫脑组织。

d.异物刺入伤：伤员被外来异物如尖锐的木棒、竹竿、铁器等刺入颈部、腹腔、胸腔等部位时，在事故现场不要随意拔出异物，以免引起大出血而危及生命。应先将异物露在体表的一端固定。再用带子、棉线等紧贴刺入物的根部，将异物扎紧固定于体表，防止异物继续刺入体内或脱出体外，最后用敷料包扎伤口，送往医院。

e.开放性骨折的骨折断端外露：用一块干净的纱布盖在骨折断端上，再用三角巾叠成环形，垫放在骨折断端周围，其高度要略高于骨折断端的高度。最后用三角巾或绷带呈对角线包扎（"8"字形包扎）。

(5) 固定。固定对骨折、关节严重损伤、肢体挤压伤和大面积软组织损伤等能起到很好的保护作用。可以临时减轻痛苦，减少并发症，便于伤员的转送。

5. 伤员的搬运

5.1 现场搬运伤员的基本原则是及时、迅速、安全，将伤员转移至安全地带，防止再次受伤。现场搬运多为徒手搬运，也可用一些专用搬运工具或临时制作的简单搬运工具，但不要因寻找搬运工具而贻误时机。

5.2 各类伤员的搬运方法

(1) 昏迷伤员：使伤者侧卧或俯卧于担架上，头偏向一侧，以利于呼吸道分泌物引流。

(2) 骨盆损伤的伤员：骨盆损伤者应将其骨盆用三角巾或大块包扎材料作环形包扎，运送时让伤员仰卧于门板或硬质担架上，膝微屈，下部加垫。

(3) 脊柱损伤的伤员：搬运时应严防伤者颈部和躯干前屈或扭转，使脊柱保持伸直。搬运颈椎伤的伤员，应有3~4人一起搬动，1人专管头部的牵引固定，保持头部与躯干部成直线，其余3人蹲在伤员一侧，2人托住下肢，一齐起立，将伤员放在硬质担架上，然后将伤员的头部两侧用沙袋固定。搬运胸、腰椎伤伤员时，3人同在伤员一侧，1人托住肩背部，1人托住腰臀部，1人抱持住伤员的两下肢，同时起立将伤员放到硬质担架上。

课目八 建筑物倒塌类型及生存空间

1. 建筑物结构破坏

引起建筑物倒塌的原因很多，除少数因设计、施工错误外，大多是偶然作用如地震、爆炸、恐怖袭击等引起的。下面针对地震作用，谈谈不同结构类型的震害（含倒塌）特点，应注意的是，有些非结构构件的倒塌也会造成人员伤亡。

1.1 砌体（砖混）建筑结构破坏。由于砌体结构的抗拉、抗剪强度低，整体性差，在地震中常见的破坏形式有：

(1) 墙体剪切破坏。由于砖墙的抗剪强度低，受地震的剪切作用产生斜裂缝，地震是往复作用的，所以裂缝呈交叉X形，常出现在窗间和窗肚墙。

(2) 边角处破坏。房屋的两端破坏比中部严重，边角处比其他部位重，开裂甚至出现V形局部倒塌。这是因为在两端和边角受到两个方向的地震作用，受力复杂，应力集中，在边端无依无靠。

(3) 房屋的"鞭梢效应"。房屋的突出部分薄弱且无支撑，容易先破坏，如烟囱、女儿墙等。许多建筑物的顶层往往在平面上收缩，甚至设大开间会议室，形成不利防震的"鞭梢"，地震时无疑破坏严重。

(4) 纵墙外闪倾倒。房屋砌筑时没有注意纵横墙之间的连接，当受到地震作用时，整个纵墙外闪倾倒，因为纵墙的垂直方向（抗弯）刚度很小，经不起振动。

(5) 墙体坍塌。墙体坍塌，房屋损毁，有的是一部分倒塌，有的是整体倒塌。预制板的搭接长度不够，也会造成这类破坏。

1.2 底框建筑结构破坏

多次震害都证明，底框房屋的破坏是相当严重的，破坏均发生于底层框架部位，特别是柱顶和柱底。例如，在唐山地震中，一建筑物底框由于底层框架柱的破坏，上面几层原地坐落，房屋全部倒塌。

底框结构房屋震害加重的原因是上部各层纵横墙较密，重量大，侧向刚度比底部大得多，形成"底层柔、上层刚"的结构体系，侧向变形将主要发生在相对薄弱的底层，破坏严重。

1.3 混凝土多高层建筑结构破坏

与砌体结构相比，混凝土结构具有较好的抗震性能，但不合理的设计也会产生严重的震害。在结构布局方面，平面不对称时端部容易产生扭转破坏，竖向刚度突变时容易形成薄弱部位，防震缝宽度不足时容易相互碰撞。

框架梁、柱的震害主要在梁柱节点处。柱的震害重于梁，柱顶震害重于柱底，角震害重于内柱，短柱震害重于一般柱。

非结构构件的填充墙也会受力破坏，甚至倒塌。

抗震墙的连接和墙肢底层的破坏是抗震墙的主要震害。

1.4 单层钢筋混凝土柱厂房结构破坏

由于平时厂房就要承受吊车水平制动力等载荷的作用，合理的结构措施具备了较好的抗震性能。在强震下的震害主要表现为大型屋面板震落、错位，甚至使得屋架失去侧向支撑而倒塌；柱子的震害一般不至于引起倒塌，但纵向支撑系统的破坏有可能使主体结构倾倒；厂房的围护墙高度很大，虽不是结构构件，但其倒塌容易引起人员伤亡。

1.5 钢结构建筑结构破坏

在地震作用下、钢结构房屋由于钢材的材质均匀，强度易于保证，因而结构的可靠性大；轻质高强度的特点，使钢结构房屋的自重轻，从而使结构所受的地震作用减少；良好的延展性能，使钢结构具有很大的变形能力，即使在很大的变形下仍不致倒塌，从而保证结构的抗震安全性。在地震作用下钢结构虽很少整体倒塌，但常发生连接节点强度不足、支撑失稳等局部破坏和材料脆性破坏。应特别注意地震中有可能因火灾使钢材失去承载能力而倒塌。

2. 震后危险建筑物的支撑

震后对危险建筑物的支撑，就是对建筑物建立一系列木柱巩固墙，以防止建筑物进一步受损、坍塌，使救援人员免受因建筑结构失效或结构设施破坏而引起的威胁，保障救援行动的顺利进行。

2.1 支撑设计和支撑工具

(1) 支撑设计

支撑的目的不是要把受损建筑物回复到其原来的位置，而是采取适当的措施（手段和工具），把建筑物已出现的不均匀载荷均匀地分布到地面上。

理想的支撑应设计成为双漏斗形。通过宽大的支撑柱表面积，将上部载荷传递到表面积同样大的支撑基础。宽大的表面积是为了保持支撑在建筑结构失效时，上部载荷不会直接插入建筑支撑结构或地基。

常见的支撑材料是木材。液压快速支撑和起重器是很好的支撑装置，它们可用于补充材料支撑。

(2) 支撑用的工具

楔子：使木柱固定在墙板上的小木块。

拐架：用于填充或改变方向的V形木片的一半。

V形木片：将两个拐架连在一起以加强支撑。

倾斜物：连接墙与地面，形成一定角度，用以承担载荷的木柱。

支撑物：稳定支架的木板。

填充物质：为了更好地表面接触而填充缝隙的物质。

2.2 支撑技术

坍塌的结构包括水平和竖向的不稳定成分，具有大型内部连接的建筑物倒塌是非常危险的，这些部分很不稳定且相互牵扯。移去一部分便会对另一部分产生影响。有经验的结构工程师能给救援队提供技术指导，指出部分结构的移动困难或可能产生潜在坍塌的危险区域。

要减少危险，救援者对倒塌建筑可采取回避、拆除或加以支撑。在紧急情况下，常见的支撑技术有：用绳子和缆绳把后倾或开裂的墙系在一起；用木柱建造临时建筑物支撑。

在选择支撑设计或方法时，必须要考虑建筑结构状况、要支撑物体的重量、支撑基础的稳定性和支撑材料的性能。

具体的支撑形式有：

(1) 倾斜支撑

如果墙凸起或不垂直，可用支撑顶住墙体使其固定，特别是当沿墙进行挖掘或挖坑时所用的支撑方式，这种支撑便称为倾斜支撑，其主要部分包括墙板、支撑和底部板。如果可能的话，墙板在纵向方面应是一个整体。支撑最好用方形木。倾斜支撑的数目通常取决于所需支持的墙体高度和承受墙体的地板（预制板）的数目，其安装应使支撑脚与地面成60度～70度。在每个倾斜支撑的头部接触处，木楔应用钉子固定在墙板上，当倾斜支架紧固到位时墙板必须固定，防止其向上滑动。支撑一面墙体时，墙板和倾斜支撑通常间隔2.5～3.5米放置，具体间隔尺寸取决于环境、墙体类型和破坏程度。

(2) 垂直支撑

用垂直支撑承担墙或木板的垂直载荷，主要构成部分是横板或水平柱、底部板和垂直支撑物。

支撑物应使用足够结实的方木。在实际情况下，救援人员很难估计所要支撑的上部载荷到底有多大，不过可以掌握下述原则：对于给定尺寸的木料，垂直支撑间距越短，它所承担的载荷就越大；在相同的横截面下，方形支撑比长方形的要结实；支撑的底部越平整越好。

V形木片放于垂直支撑下面，用它将支撑移动到位，正好承担建筑的重量，V形木片不应装得太紧，否则会被支撑的墙或地板举起，并且可能引起进一步的破坏。

为了将上部载荷分散到大的面积之上，底部板应做得与计算的长度、宽度相同。在建筑物上层地板使用支撑的地方，应在所有地板上重复使用支撑，这样负荷物会有牢固的基础。

(3) 水平支撑

当一座距离合适的邻近墙能帮助支撑时，可用水平支撑来支持受损的墙体。水平支撑的主要部分包括水平柱、墙板和横木。

为建立水平支撑，所有的楔子应用钉子钉入墙板，一组楔子用以支持水平柱或支撑，其余的支持横木，横木与水平梁的角度不能大于45度，并与紧固部分分开，紧固部分的长度由水平柱的长度所决定。在竖立支撑之前应在地面上事先做好准备工作。在固定墙板时，水平柱放于中心木楔上，并用插入支撑和墙板之间的V形木片和V形板钉紧。接着，横木和紧固部分放于固定位置上，可用木楔固定支撑住，墙板在长度方向应为一整体。水平支撑应沿着墙按2.5～5.0米的间隔布设。

3. 建筑物倒塌形成的生存空间

建筑物一旦坍塌，地板、墙体和天花板便会掉落，从而形成各种各样的空间。地震救援的目的就是要将可能围困在废墟空间内的人员救出。可见，了解建筑物倒塌后所形成的空间特点对救援行动是非常重要。

一般来讲，建筑物倒塌后所形成的空间有以下5种基本类型，如表5所示。

表5　建筑物倒塌后形成的生存空间及幸存者位置

空间类型	形成原因	幸存者位置
倾斜支撑型倒塌	往往出现在某一支撑墙倒塌或地板连接处一端断裂的情况，有较大的空间	幸存者位于被支撑的空间内
悬臂型倒塌	发生在当地板或天花板的一端被吊于墙的一部分，另一端则由下方支撑物支撑而自由悬挂	幸存者位于下方被撑住的空间内
V型倒塌	重型荷载使建筑物楼板中部不堪负重，发生断裂、塌落形成的，这种废墟的两端高于中间	上方居住者的生死视其上方倒塌方式，下方居住者一般在地板下被撑住的空间
夹层型倒塌	由于建筑上层支撑墙和柱不够结实，使过多的荷载施加在下层构件上，因此所有的上层构件都落到了下层，形成堆状倒塌	幸存者位于由家具或部分墙体支撑的空间内
复合型倒塌	上述集中倒塌类型的组合，最接近严重损害的城市倒塌	幸存者位于由各种物件支撑所形成的空间内，幸存者数量相对其他倒塌方式会少许多

3.1 倾斜支撑型倒塌空间

该类型往往出现在某一支撑墙倒塌或地板连接处在一端断裂的情况下。这类倒塌的塌落部分通常两端被支撑住，会形成具有较大空间的废墟，也意味着救援目标生存的可能性很大。

3.2 悬臂型倒塌空间

这类倒塌发生在当地板或天花板的一端被垂吊于墙的一部分，另一端则自由悬挂着。显然，进入这种倒塌空间去营救受困者是十分危险的。

3.3 V形倒塌空间

这类倒塌是由于建筑物楼板中部不堪重负导致断裂、塌落而形成的。

3.4 夹层型倒塌空间

这类倒塌是由于建筑物上层支撑墙和柱不够结实，使过多的载荷施加在下层构件上，因此所有的上层构件都落到了下层。

3.5 复合型倒塌空间

属于严重损害的倒塌类型，是上述几种倒塌类型的组合，一旦发生复合型倒塌，幸存者生存空间则大为减少，幸存概率也极大降低。

在实际情况下，建筑物的倒塌类型比较复杂，常常见到上述几种类型的组合形式。

不同类型的倒塌（空间）给受困者提供了不同的生存空间。上述前三种类型中，潜在受困者的位置是相同的，在塌落楼板上方的居住者就很可能躲在废墟底端的瓦砾里面或下面。这主要是由于楼板向塌落区下滑而将居住者带到那里。塌落物下的居住者很有希望在楼板下被支撑住的废墟里找到。在夹层型倒塌（空间）情况下，受困者可能在楼板间被找到。

课目九　建筑物倒塌处置程序及要领

1. 处置基本流程

1.1 封控现场

疏散围观群众，劝阻盲目救助，协助维护现场秩序。

1.2 安全评估。

由结构工程师或安全员对废墟倒塌情况进行评估，明确可能引起二次倒塌的危险地段，并根据情况进行必要的支撑加固。

1.3 设置安全哨

(1) 监视破拆过程中建筑物的稳定性，一旦有坍塌危险，及时发出中止和撤离指令。

(2) 监视周边环境，发现建筑物倒塌、滑坡、滚石，及时发出中止和撤离指令。

(3) 接到余震警报，及时发出中止和撤离指令。

1.4 搜索确认

通过人工搜索（主要采取喊、敲、听方法）、犬搜索和仪器搜索确认是否存在幸存人员及其准确位置。

1.5 制定营救方案。

根据幸存人员所在方位和被压埋情况，研究制定营救方案。营救方案不能破坏原有的支撑关系。同时须制定撤离方案，遇到险情及时撤出。

1.6 建立营救通道

(1) 尽量利用废墟内现有空间建立通道。

(2) 遇到障碍时，利用设备采取破拆、顶升、凿破方式开辟通道。

1.7 实施营救

从通道中营救运出伤员，尽量采用竖井担架，保护伤者脊椎，禁止生拉硬拽造成二次伤害。

1.8 心理安抚

在营救过程中，要与被困人员进行沟通，了解伤情和被埋压情况，针对性开展心理安抚。

1.9 医疗救护

注意对伤员眼睛的保护，戴上眼罩，防止强光伤害。除开展常规护理外，应及时送专业治疗点。

1.10 队伍撤离

在完成救援任务撤离时，应在救援现场标志营救情况，为其他救援队伍提供提示。

2. 建筑物倒塌事故（地震）救援安全要求

2.1 全体队员必须树立"安全第一"的意识，救援队长是第一安全责任人。

2.2 树立安全员权威，队员必须听从安全员指挥。

2.3 救援队员需配备头盔、口罩、手套、靴子等个人防护装备。

2.4 必须对救援现场进行安全评估，明确救援行动方案后才能进入。

2.5 遇到危险及时撤离，重新评估后才能进入。

3. 救援基地的选择

3.1 避开山脚、陡崖、滑坡危险区，防止滚石和滑坡。

3.2 避开河滩、低洼处，防止洪水和泥石流侵袭。

3.3 避开危楼，防止余震引起的二次垮蹋。

3.4 避开高压线，防止电击。

4. 救援区域的管理

4.1 在开展搜救工作之前，必须立即将受灾区域设为禁区，疏散无关人员。

4.2 设立一个只允许搜救队伍和其他救援人员进入的工作区域，并保证相关工作人员的安全。在工作区域周围设置封锁线。

4.3 确认和标识高危地带。

4.4 坍塌现场附近可能会发生二次坍塌、坠物或其他危险情况。

4.5 坍塌/危险区域外设置封锁线。

4.6 确定搜救区域。

4.7 完成搜救地点评估和确定行动计划之后，召集简短会议通报情况。

课目十　交通事故处置程序及要领

1. 了解事故现场的总体概况

1.1 了解事故情况

(1) 了解事故导致的伤亡情况以及现在仍旧被困伤员的具体身体状况及被困位置。

(2) 了解事故牵涉的车辆数量，撞击位置及受损状况。

(3) 了解事故所处位置周边的环境概况（有无可能引起次生灾害的隐患）：加油站、学校、桥梁、化工厂、危险品仓库，等等。

(4) 确定应急处置的备选方案及紧急撤离路径。

1.2 方法

(1) 询问：对象为先期到达的出警民警、周围群众、事故中意识清楚的当事人等。

(2) 观察：注意现场车辆的车身（受损部位、重量、装载货物情况等），运输危险品车辆车身都会有具体标示。

(3) 查询：通过手机及北斗网络查询周边地图，呼叫总值班室协助查询。

2. 确定被困伤员救援方案

2.1 如事故车辆运载危险品并发生泄漏，及时请求救援队伍到场监测；如无泄漏，调派专人负责监视。如车辆油箱发生泄漏，处置原则同上。

2.2 确定破拆切入点（常规切入点为车门、车窗、车顶、后备箱等），如遇到危险品车辆或车辆油箱泄漏，必须使用无火花工具进行操作。

2.3 确定需要起重的重量，所携带装备如能满足的可以进入下一步，否则呼叫总值班室调用增援车辆或大型起重装备。

2.4 确定救援人员的分工及使用的救援装备。

2.5 考虑可能产生的风险及确定应急方案。

3. 确定现场环境

3.1 稳定车辆位置。

3.2 稳定伤员位置。

3.3 开始救援。

4. 被困伤员救援步骤

4.1 先打开一个救援入口，对伤员进行先期的医疗救助（包括固定颈部，输氧等，主要针对重伤员）。

4.2 在被困者周围开创救援空间，并予以固定。

4.3 将被困伤员移出。

4.4 确定是否还有其他受困人员。

4.5 对事故车辆进行扶正。

4.6 工作移交。

5. 收尾工作

5.1 检查所有装备器材。

5.2 检查所有救援人员是否到位。

5.3 跟现场指挥人员及总值班室汇报救援情况。

5.4 携带所有装备离开现场。

课目十一 水上泄漏物处置程序及要领

1. 了解事故现场的总体概况

1.1 目的

(1) 了解事故的具体情况、人员伤亡情况和污染程度等。

(2) 了解事故水域的具体情况（水深、风向、浪高等）。

(3) 明确救援队伍需要完成的任务。

(4) 了解事故所处位置周边的环境概况（有无可能引起次生灾害的隐患）：加油站、学校、桥梁、化工厂、危险品仓库，等等。

(5) 确定应急处置的备选方案及紧急撤离路径。

1.2 方法

(1) 询问：对象为先期到达的出警民警、周围群众、事故中意识清楚的当事人等。

(2) 观察：注意观察水面的污染面积，检查船身上贴有的运载货物标示，需要抽排水时检查积水状况及该区域的地势高低落差。

(3) 查询：通过手机及北斗网络查询周边地图、呼叫总值班室协助查询；及时查询事故区域未来4小时内的天气预报情况。

2. 确定救援方案及准备

(1) 确定救援人员的分工及使用的救援装备。

(2) 合理利用水面的水流及风向情况控制污染水面。

(3) 合理选用抽排水装备。

(4) 进入救援水域时所有救援人员必须穿救生衣，进行抽排水作业时救援人员涉水部位必须进行绝缘防护。

(5) 如所携带装备无法满足事故现场的救援需要，应及时呼叫总值班室调用增援力量。

(6) 考虑可能产生的风险并制定应急方案。

3. 开始救援

(1) 从下游或者下风口位置开始对污染源进行控制，并将其包围在可控范围内。

(2) 协助专业人员开展对泄漏物的相关处置工作。

4. 收尾工作

(1) 检查所有装备器材，并对被污染装备进行清洁洗消。

(2) 检查所有救援人员是否归位。

(3) 向现场指挥人员及总值班室汇报救援情况。

(4) 携带所有装备离开现场。

课目十二 民防工程事故处置程序及要领

1. 了解事故现场的总体情况

(1) 目的

① 了解事故的具体情况，人员伤亡情况和者污染的程度等。

② 了解该地下空间内的具体情况（仓储情况、人员情况）。

③ 确定该地下空间的进出口及主要排风排水出口。

④ 了解事故所处位置周边的环境概况（有无可能引起次生灾害的隐患）：加油站、学校、桥梁、化工厂、危险品仓库，等等。

⑤ 确定应急处置的备选方案及紧急撤离路径。

(2) 方法

① 询问：对象为先期到达的出警民警、周围群众、事故中意识清楚的当事人等。

② 观察：注意观察地下空间附近地面的进排风口及所有出入口等情况。

③ 调阅：要求受灾单位提供该地下空间的结构图纸。

④ 查询：通过手机及北斗网络查询周边地图、呼叫总值班室协助查询；及时查询事故区域未来4小时内的天气预报情况。

2. 确定救援方案及准备

(1) 确定救援人员的分工及使用的救援装备。

(2) 合理选用排抽水装备。

(3) 确定烟雾的出口：对无毒无害烟雾的排除应利用负压式排烟机进行抽除，并找到进风口对地下空间输送新鲜空气；对有毒有害烟雾气体应采取控制与排除相结合的方法，在人员密集处（人员疏散口）利用正压式排烟机往地下空间反向吹送新鲜空气，找到一处人员稀少的排烟口再利用负压式排烟机进行抽除。

(4) 进入水深超过1米以上的水域时所有救援人员必须穿救生衣，进行抽排水作业时救援人员涉水部位必须进行绝缘防护，地下空间内积水水面距离顶部小于1.5米的范围严禁任何人员进入。

(5) 选作地下空间的排水作业出水口，必须是与地下空间自身原有排水通道隔绝的其他通道。

(6) 铺设照明逃生线引导人员应急疏散时，注意引导人流靠右侧贴墙前行，留出救援人员进出及伤员的搬运通道。

(7) 进入地下空间的救援人员应全部携带空气呼吸装置。

(8) 如携带装备无法满足事故现场的救援需要，应及时呼叫总值班室调用增援力量。

3. 开始救援

(1) 救援人员穿戴专门的防护器材进入事故现场。

(2) 如有人员被困首先进行人员的应急疏散及解救受伤人员。

(3) 对积水进行排除。

(4) 对烟雾进行排除。

(5) 积水清除完毕后铺设照明逃生线。

(6) 所有人员疏散完毕后再对该地下空间进行一次检查。

4. 收尾工作

(1) 检查所有装备器材，并对被污染装备进行清洁洗消。

(2) 检查所有救援人员是否归位。

(3) 向现场指挥人员及总值班室汇报救援情况。

(4) 携带所有装备离开现场。

（二）技能训练

课目一 破拆装备操作

1. 液压扩张钳

1.1 操作使用

(1) 在平地上画出起点线，起点线前5米处画出操作线，起点线上放置液压泵、扩张器各一台。

(2) 听到"器材准备"的口令，战斗员做好个人防护，检查器材是否完好、是否缺失。检查完毕后，在起点线成立正姿势。

(3) 听到"开始"口令后，战斗员手提扩张器至操作区，将扩张器置于操作线上，展开液压管，拔下防尘帽，连接液压泵、液压胶管、扩张钳。

(4) 依次打开液压机总开关、油路开关，打开阻风门，拉线发动，关闭阻风门，调整油门开关至水平位置，打开液压释放开关旋转至"1"的位置

(5) 队员两脚分开站立，手持扩张器前后把柄，操作手柄上的"←→"（扩张）或"→←"（闭合）进行扩展或牵拉作业。

(6) 作业时，将钳头完全张开，牵拉时需更换专用钳头，连接牵引链，固定被牵引物体，闭合扩张钳，进行牵拉。

(7) 听到"撤收"口令，队员闭合扩张钳（留一定间隙），关闭液压阀、液压泵，将装备恢复到开始状态。

1.2 注意事项

(1) 扩张钳与液压泵、液压胶管连接不上时，应检查液压泵、液压胶管和工具本身是否存有压力，快速接头是否损坏。及时放掉液压阀存留的压力，更换损坏的快速接头。

(2) 扩张时要使两个钳头始终保持垂直，扩张点受力要均衡。

(3) 当扩张到最大行程时，不得对扩张器实施压力传输。

(4) 在液压泵处于工作状态时，禁止进行分解作业。

(5) 最大扩张力作用点在扩张臂的根部。

(6) 操作结束时，液压管接头须擦拭干净，盖好防尘帽。

2. 水泥切割机

2.1 操作使用

(1) 在平地上画出起点线，起点线前5米处画出操作线，起点线上放置液压泵站、切割机。

(2) 听到"器材准备"的口令，战斗员做好操作前的各项准备，检查器材是否完好、是否缺失。检查完毕后，在起点线成立正姿势。

(3) 听到"开始"口令后，战斗员手提切割机至操作区，将切割机置于操作线上，展开液压管，拔下防尘帽，连接液压泵、液压胶管、切割机，连接水管。

(4) 依次打开液压泵站总开关、油路开关，打开阻风门，拉线发动，关闭阻风门，调整油门位置，打开液压释放开关。

(5) 压下油门扳机锁，按下油门，打开水阀。

(6) 通过油门扳机锁调节机器转速，进行切割。切割作业完成后报"好"。

(7) 听到"撤收"口令，松开油门扳机锁，使锯片停止运转；关闭冷却水；关闭油门扳机锁，关闭液压泵，将装备恢复到开始状态。

2.2 注意事项

(1) 水泥切割机与液压泵、液压胶管连接不上时，应检查液压泵、液压胶管和工具本身是否存有压力，快速接头是否损坏。

(2) 锯片受损达50%时，应适当调整锯片与传动盘之间的距离或考虑更换锯片。

(3) 工作状态中禁止进行分解作业。

(4) 锯片只能直行切割，禁止挤、拧、弯曲锯片。

3. 切割链锯

3.1 操作使用

(1) 在平地上画出起点线，起点线前5米处画出操作线，起点线上放置链锯主机、链条。

(2) 听到"器材准备"的口令，战斗员做好操作前的各项准备，检查器材是否完好、是否缺失。检查完毕后，在起点线成立正姿势。

(3) 听到"开始"口令后，战斗员手提切割链锯主机至操作区，将切割机置于操作线上，组装链条和导向板。

(4) 启动：把点火开关切换到启动位置，拉出阻风门杆；按下安全开关，同时扣住节气门扳机，然后按住节气门锁钮，把节气门锁调至启动位置；先开启水阀1/4圈，一旦链锯转动，马上开足水阀；启动后推进阻风门杆，扣板机使锁住的扳机解除。热启动与冷启动时程序一致，但无需拉出风门。

(5) 通过油门扳机锁调节机器转速，进行切割。切割作业完成后报"好"。

(6) 听到"撤收"口令，松开油门扳机锁，待链条停止运转，关闭冷却水，关闭油门扳机锁，关闭点火开关，将装备恢复到开始状态。

3.2 注意事项

(1) 禁止将链锯基座颠倒使用。

(2) 必须在通风良好的地方使用。

(3) 链锯使用后应带水运转至少15秒。

(4) 使用链锯切割时，不能超过链锯的切割范围。

4. 双向异轮切割机

4.1 操作使用

(1) 在平地上画出起点线，起点线前5米处画出操作线，起点线上放置双向异轮切割机、接线盘、发电机。

(2) 听到"器材准备"的口令，战斗员做好防护，检查锯片是否锋利，锯片安装是否牢固。检查完毕后，在起点线成立正姿势。

(3) 听到"开始"口令后，战斗员手提双向异轮切割机至操作区，依次连接发电机、接线盘和双向异轮切割机，启动发电机。

(4) 打开手柄上的电源开关；启动双向异轮切割机。

(5) 进行切割作业时，要保持锯片与被切割物体作业面垂直。切割作业完毕后报"好"。

(6) 听到"撤收"口令，松开油门，使锯片停止运转，关闭手柄上的电源开关，将装备恢复到开始状态。

4.2 注意事项

(1) 切割时，要与被切割物体成90度角，不要对锯片施加过大的压力。

(2) 在切割坚硬材料包括2毫米厚的金属板时，将锯片的转速调整在适当位置，并不断添加润滑剂。

(3) 禁止在雨中或潮湿的环境中使用。

(4) 勿切割岩石、混凝土、陶瓷、玻璃、橡胶、油毡等材质。

(5) 切割时，不能超过锯身的切割深度。

5. 电动凿岩机

5.1 操作使用

(1) 在平地上画出起点线，起点线前5米处画出操作线，起点线上放置电动凿岩机、各类钻头、接线盘、发电机。

(2) 听到"器材准备"的口令，战斗员做好防护，检查凿头是否齐全、锋利，尾部是否已涂少许润滑油。检查完毕后，在起点线成立正姿势。

（3）听到"开始"口令后，战斗员手提电动凿岩机至操作区，选择安装合适的钻头，并牢固固定。

（4）依次连接发电机、接线盘和电动凿岩机后，启动发电机。

（5）打开手柄上的电源开关，启动凿岩机。

（6）对凿岩机适当向凿头方向用力，使凿岩机开始工作。凿破作业完毕后报"好"。

（7）听到"撤收"口令，松开电动凿岩机开关，使钻头停止运转，关闭电源，关闭发电机，拔出钻头，将装备恢复到开始状态。

5.2 注意事项

（1）勿在雨中或潮湿的环境中使用。

（2）必须在规定的电压范围内使用。

（3）凿头必须安装牢固。

6. 电弧切割机

6.1 操作使用

（1）在平地上画出起点线，起点线前5米处画出操作线，操作区放置空气压缩机、电弧切割机、连接地线、喷枪。

（2）听到"器材准备"的口令，战斗员做好防护，检查装备。检查完毕后，在起点线成立正姿势。

（3）听到"开始"口令后，战斗员跑步进入操作区，依次连接好空气压缩机、电弧切割机、连接地线、喷枪。

（4）将空气系统放置在指示位置，将插口插入并顺时针转动。

（5）开关旋至"开"，电源指示灯2次闪烁（变绿）后打开冷却风扇。

（6）根据切割工作情况，调整电流调节器的切割电流输出。

（7）将空气检查开关旋开，并将气压调至合理数值。

（8）检查个人防护后打开喷枪，对被切割金属进行电弧切割。切割完毕后报"好"。

(9) 听到"撤收"口令，关闭喷枪开关，10秒后关闭供气系统，卸下喷枪，将装备恢复到开始状态。

6.2 注意事项

(1) 喷枪终端（输出）螺纹为反扣，逆时针为旋紧方向。

(2) 使用喷枪时，禁止使用磨损报废的电焊条。

(3) 检查喷枪或更换其他部件时，要关闭动力系统开关。

(4) 切割时与易燃物件必须保持3米以上距离。

7. 液压钻孔机

7.1 操作使用

(1) 在平地上画出起点线，起点线前5米处画出操作线，操作区放置液压泵、液压胶管、液压钻孔机。

(2) 听到"器材准备"的口令，战斗员做好防护，检查装备。检查完毕后，在起点线成立正姿势。

(3) 听到"开始"口令后，战斗员跑步至操作区，依次连接好液压泵、液压胶管、液压钻孔机。

(4) 连接进水管，并调整好水流量。

(5) 打开液压泵，按动开关。

(6) 保持钻孔机与作业面垂直。

(7) 增加其轴向压力，同时完全按下调整开关，使打孔机达到最大转速，开始作业。钻孔作业完毕后报"好"。

(8) 听到"撤收"口令后，松开调整开关，使钻孔机停止转动，关闭水管，关闭液压泵开关，将装备恢复到开始状态。

7.2 注意事项

(1) 液压钻孔机与液压泵、液压胶管连接不上时，应检查液压泵、液压胶管和工具本身是否存有压力，快速接头是否损坏。放掉存有的压力，更换损坏的快速接头。

(2) 如果钻头卡在孔中，可松开调整开关，调整钻头的轴向压力。

(3) 工作状态时禁止进行分解作业。

8. 内燃凿岩机

8.1 操作使用

(1) 在平地上画出起点线，起点线前5米处画出操作线，起点线上放置汽油发动机、凿头、专用汽油、机油等。

(2) 听到"器材准备"的口令，战斗员做好防护，检查油箱，加注必要的润滑油、混合油。检查节流筏是否在开启位置，检查完毕后，在起点线成立正姿势。

(3) 听到"开始"口令后，战斗员跑步至操作区，选择合适凿头或钎杆，安装凿头并将卡扣向内扣紧，确保接头牢固，避免弹开。

(4) 将机器竖立，试拉。关闭油门，拉启动绳，看机器转动是否灵活，并查看排气管是否油多。若排气管淌油，尝试多拉几下，将气缸里的油排出。

(5) 打开油门启动。将油门开关帽沿逆时针方向旋转半圈或一圈，风门关闭，轻拉启动绳几下，使汽化器和气缸吸入燃油后，风门全开，然后短促、迅速、有力地拉启动绳。启动后，应将油门开关帽旋转到合适的位置，使机器运转稳定。

(6) 作业时，要正确调整机头上面的开关，注意站立姿势和位置，绝不能靠身体加压，更不能站立在凿岩机前方钎杆下，以防断钎伤人。

(7) 完成凿破作业后，报"好"。

(8) 听到"撤收"口令后，关闭发动机，卸下工作凿头，并将装备恢复到开始状态。

8.2 注意事项

(1) 应按正确的比例混合汽油和专用机油，燃油注入油箱前，必须混合均匀，并进行过滤。

(2) 冷机启动时，油门针阀要全开。实际工作时，要根据要求调节，通常只开半圈足够。若发现发动机有熄火现象，可能燃油太少；若机器工作无力，且排气污油，可能是燃油太多。

(3) 节流阀可调整进入缸体内可燃混合气的多少，进而影响发动机正常运转的转速高低。负荷运转或启动时，节流阀全开。节流阀旁边的螺丝钉可调整节流阀开度大小。

(4) 凿头和钻柄须连接牢固以避免弹开，机器应保持清洁。

(5) 每日工作超过4小时后，取出空气滤清器在煤油中清洗，并在过滤芯上涂以清洁润滑油。

(6) 发动机若不能正常起动，检查电路是否正常，更换火花塞，清洗化油器。

9. 手动破拆工具

9.1 操作使用

(1) 在平地上画出起点线，起点线前5米处画出操作线，起点线上放置手动破拆工具组。

(2) 听到"器材准备"的口令，战斗员做好防护，检查各部件情况。检查完毕后，在起点线成立正姿势。

(3) 听到"开始"口令后，战斗员跑步至操作区，选择合适破拆工具，安装凿头并将卡扣扣紧，确保接头牢固，避免弹开。

(4) 破拆时要放下头盔面罩，防止撬、凿、劈砍时伤害到头部。破拆完毕喊"好"。

(5) 听到"撤收"口令后，卸下工作镐头，擦拭干净，将装备恢复到开始状态。

9.2 注意事项

(1) 破拆时要选择合适的凿头，用力要均匀。

(2) 使用中，凿头卡扣要扣紧，不可将凿头对准现场人员。

课目二 搜救装备操作

1. 雷达生命探测仪

1.1 操作使用

(1) 在平地上画出起点线，起点线上放置雷达生命探测仪、PDA各一台。

(2) 听到"器材准备"的口令，战斗员做好个人防护，检查器材是否完好、电池是否充足。检查完毕后，在起点线成立正姿势。

(3) 听到"开始"口令后，战斗员手提扩张器至搜索区域，打开雷达生命探测仪和PDA。

(4) 确保PDA桌面上日期和时间下面的WLAN旁边出现LFGSSIH字样。

(5) 如果WLAN显示为off，先点击WLAN，然后在下一屏点击wireless LAN，接着会显示CONNECTING。当LFGSSIAH出现时，按键盘上的OK返回桌面。

(6) 点击屏幕左上角的START按钮，然后点击LL3（第三代搜救软件），观察屏幕底部的滚动条，如果颜色由红变绿说明PDA准备与传感器链接。

(7) 如果CONNECT TO（连接到）显示的编号与所使用的雷达编号（215）一致，按Run（运行）进入搜救界面。如果在搜救界面的底部出现了两个电池电量的显示就说明PDA和主机已经成功通信。

(8) 能够识别搜索界面标记：

黑色方框——移动信号超过报警临界值。

红色圆圈——呼吸信号超过报警临界值。

黑色三角——移动信号有（但是低于临界值），可能是环境噪音。

(9) 合理放置传感器，每个搜索点间隔距离为3.6米，搜索点位于交错的直线上，如图16所示。通过这种方式来最大限度减小未被搜索到的靠近表面的区域。在没有发现的区域可用黑漆做标记，在可疑区域喷红漆做标记。搜索到伤员位置后报"好"。

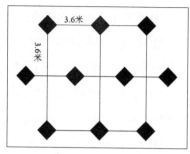

图16 基本搜索方阵

(10) 听到"撤收"口令后，先关闭PDA，再关闭雷达探测仪。关闭PDA时先点击STOP，停止搜救，按OK或者ENTER退回到桌面，再按PDA电源按钮关掉PDA，最后关闭雷达主机，将装备恢复到开始状态。

1.2 注意事项

(1) 在使用探测仪时，确保控制器在距离传感器8米到15米范围内，同时，确保传感器8米范围内没有其他运动人员。

(2) 在电池小布条端由观察窗口观察电池电量，5格电量满，一般低于2格就必须进行充电。充电时将电池拿出放入充电器中进行充电。

(3) PDA充电类似手机充电，直接将充电器插入PDA底部插口，另一端插到插座上就行(如果在现场长时间使用的话可使用五号电池)。

(4) 实际上控制器只需要20秒就可以探测出移动和呼吸，但持续一段较长时间可以提高探测的可信度。一般3分钟后，可以将传感器移到搜索方阵的另外一个搜索点上。

(5) 单个传感器只能给出遇险者的大致距离而不是精确位置，这是因为雷达的"视角"由现场材质不同决定的。如果现场材质是湿沙，遇险者可能会偏离垂直角度50度，而如果是干沙或者混凝土块，偏高角度可能会大更多。

2. 红外线热成像仪

2.1 操作使用

(1) 在平地上画出起点线，起点线上放置红外热成像仪一台。

(2) 听到"器材准备"的口令，战斗员做好个人防护，确认电池仓内已装有电池组。检查完毕后，在起点线成立正姿势。

(3) 听到"开始"口令后，战斗员手提红外热成像仪至搜索区域，按住 F2 键约 2 秒钟，启动仪器，直到显示屏的右上角显示日期和时间。

(4) 经过初始屏幕后，进入首页画面，能够识别首页画面中的标题区域、图像区域和信息区域。

(5) 顺时针或逆时针方向转动调焦轮使 Imager 聚焦。

(6) 将 Imager 对准想要记录的目标，扣动一次扳机，捕获图像。捕捉图像时应尽量使热成像仪与被测设备保持水平一致。如果对捕获的图像不满意，扳机轻按即可放弃定格的图。

(7) 按 F1 (STORE)（存储）键保存捕获的图像。

(8) 从首页画面中，按F2(MENU)（菜单）两次，再按F1(REVIEW)（浏览）选择 Review 模式，浏览图像。

(9) 从首页画面中，按 F2 (MENU)（菜单）两次，再按F1(MEMORY)（存储）打开 Delete（删除）功能，删除不必要的图像。

⑽ 听到"撤收"口令时，长按F2 键2～3秒关闭热成像仪，并将仪器恢复到开始状态。

2.2 注意事项

(1) 开机启动时，镜头不能对着高温物体（如太阳、火焰等），防止仪器因自动保护功能未启动而发生损坏。

(2) 镜头应注意保护，必须用专用镜头布进行擦拭。

(3) 每周至少启动热成像仪1～2次，每次运行几分钟，防止仪器因长期不使用而发生故障。

3. 视频探测仪

3.1 操作使用

(1) 在平地上画出起点线，起点线上放置视频探测仪一台。

(2) 听到"器材准备"的口令，战斗员做好个人防护，确认电池仓内已装有电池组。检查完毕后，在起点线成立正姿势。

(3) 听到"开始"口令后，战斗员手提视频探测仪至搜索区域，连接视频和音频接线，采用右肩左斜挎或左肩右斜挎的方式，佩戴视频探测仪。

(4) 头戴耳机，左手握住探头摇杆，右手按着控制柄，用探头探测前方区域，通过摇杆上的显示器进行观察。

(5) 操作探测仪前方的摄像头，并手动旋转，打开照明灯，探明被困人员位置。

(6) 利用携带的音频话筒尝试与被困人员进行对话。

(7) 听到"撤收"命令后，关闭照明灯和显示器，将摄像探头调整到原位，卸下耳机和装备，将仪器恢复到开始状态。

3.2 注意事项

(1) 探测仪不用时应将电池取出，否则探测仪将处于待机状态，影响电池的持续供电时间。

(2) 电池每次充电前应将电池充分放电。长期不用应定时充放电，以延长电池使用寿命。

(3) 摄像头表面应用专用镜头纸或干软布进行擦拭。

(4) 话筒和显示器不能在雨天使用，若需使用，要做好防潮措施。

课目三 逃生救援装备操作

1. 逃生气垫

1.1 操作使用

(1) 选择现场疏散口垂直下方地面，地面应是较平整且无尖锐物的场地，平面展开救生气垫，救生气垫四周应留有一定的空地。

(2) 救生气垫上空至疏散口之间应无障碍物。

(3) 听到"器材准备"的口令，战斗员检查气垫四周是否安全、鼓风机是否正常。检查完毕后，在起点线成立正姿势。

(4) 听到"开始"口令后，战斗员将救生气垫进气口紧固在风机排风口上，然后启动发动机使其正常运转，待救生气垫高度标志线自然伸直时，怠速运转，救生气垫进气口软管此时可呈弯曲状，以免逃生人员触及救生气垫时将风机拉翻。

(5) 发动机在怠速运转时，保持救生气垫工作高度即可。

(6) 通过开闭风门来控制气垫的饱和度，不可将救生气垫充气成饱和状态，以免过大增加反弹力，影响正常使用，危及人身安全。

(7) 救生气垫充气后可能出现飘移，在使用时，四角应有专人把持，使用时微开安全风门，如遇气垫四周某一侧有障碍物（如墙体等），必须在该侧增加一名保护人员；负责保护的人员必须密切注意跳下气垫人员的位置及其姿态，对可能发生的危险进行估计，以对其实施合理的保护。

(8) 操作准备完成后，指挥逃生人员对准救生气垫顶部的反光标志下跳，跳下时要背、屁股朝下，1人1跳，准确跳到气垫中间的红圈；告知逃生人员整个下落过程身体放松，落入气垫后不要急于起身，等反作用力过后再从气垫上滑下。

(9) 听到"撤收"口令后，关闭鼓风机，拔下连接处，打开安全风门，待气垫放气完毕后，将气垫折叠至合适宽度，撤收装车。

1.2 注意事项

(1) 逃生气垫在展开的同时要观察周围环境，时刻注意气压。

(2) 气压压力过大会导致下跳人员弹出，达不到软着陆的效果。

(3) 如压力过大应即时把两边两个出气孔打开，以保持气压流通。

(4) 适用接救高度一般为20米左右。

(5) 救生气垫的四周设计有提手，方便提起移动，以便对准获救者。

2. 绳索逃生救援

2.1 人员上升救援

(1) 操作方法

① 在平地上画出起点线，起点线前5米处画出操作线，起点线上放置上升器、绳索、安全衣、头盔、手套、脚踏带、保护器等。

② 听到"器材准备"的口令，战斗员做好操作前的各项准备，做好绳索固定，检查器材是否完好、是否缺失。检查完毕后，在起点线成立正姿势。

③听到"开始"口令后，战斗员跑步至操作线，穿上安全衣，戴好头盔和手套，安装上升器材，要领如下：

a.自安全带上取下组装好的锁具、手式上升器及脚蹬。

b.打开手式上升器棘齿并解开缠绕在手式上升器上的脚蹬。

c.将手式上升器挂至腹式上升器上方10厘米，关上手式上升器棘齿机构。

d.确认连接手式上升器锁扣已反扣。

e.调整腹式上升器下方攀登绳索置于右腿侧边。

f.右脚踏入连接手式上升器的脚踏环绳圈。

g.双手握住手式上升器握柄。

h.检查上升状态，确保器材安装正确。

④ 器材安装完毕后，实现上升操作，如图17所示，具体要领如下：

a.左手握手式上升器握把，上推手式上升器拉开与腹式上升器间距，右手大拇指与食指捏腹式上升器下方攀登绳并向下轻拉保持些微张力。

b.左手上拉施力同时右脚上蹬，右手维持向下轻拉让攀登绳流动顺畅。

c.左手右脚缓缓放松，使腹式上升器完全承受体重。

d.重复交替以上动作，即可实现连续上升。

⑤ 上升到指定高度，报"好"。

⑥ 听到"撤收"指令后，训练人员采用下降器速降至地面，解除防护，将装备恢复到开始状态。

图17　人员上升示例图

2.2 人员下降救援

(1) 操作方法

① 在指定高台画出下降区域，区域内放置下降器、绳索、安全衣、头盔、手套、安全扣、保护器等。

② 听到"器材准备"的口令，战斗员进入下降区仔细检查下降器材，并确认各支点稳固。检查完毕后，在下降区域成立正姿势。

③ 听到"开始"口令后，战斗员穿上安全衣，戴好头盔和手套，做好下降前自我保护连接，安装下降器材，要领如下。

a.接近下降绳，正确安装下降器，检查副保护。

b.制动手将下降器收绳后置于最佳制动位置，使身体重量承重于下降绳，并保证自我保护连接不受力。

c.使用导向手取下自我保护连接并收妥，导向手恢复于下降器上方，帮助平衡。

d.确认下降副保护安全后，用制动手给绳。

e.利用制动手的抓握力及下降器的磨擦角度，控制绳索的通过速度，倒退往后下降。待安全下降到达地表后，报"好"。

④ 听到"撤收"口令后，先解除下降器，再解除副保护，最后脱下安全衣和头盔，将装备恢复到开始状态。

2.3 注意事项

(1) 利用大树、岩石、土袋等地形地物制作固定支点，如果一个支点不结实，可采取分散流动法，利用多个地形地物制作固定点。选择的固定点必须安全、可靠。无固定支点可选用时，可利用多个支点，采用扁带将多个支点相连，组成一个主要固定点。

(2) 在个人上升下降之前要检查绳子支点是否牢固、上升下降器及保护器是否安全可靠。

(3) 上升时，检查上升器是否装反，副保护是否做好。

(4) 下降时，检查 STOP、ATC等下降器绳头是否接反。

(5) 操作结束时，绳索装备不要随手乱扔，应擦洗干净摆放整齐。

3. 伤员转运救援

3.1 操作方法

(1) 选择上下固定点：上部的固定点选在伤员的上部，如图18中的点1所示。救助6楼伤员时选择7楼的阳台栏杆（必须足够结实）为固定点，使用1米安全带和钢制D形环组成固定点（点1）；下面的固定点选择了楼下的消防车，也可以选择大树等可靠的固定点。

(2) 绳索的一端穿过顶部固定点的钢制D形环，然后固定到担架的吊点上。使用另一根1米安全带，使其一

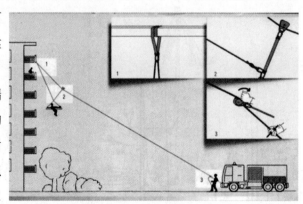

图18 伤员转运救援操作示例图

端固定到担架的吊点上，另一端通过一平角滑轮固定到牵引绳索上，连接救援担架和救援人员，如图18中的点2所示。

(3) 绳索的另一端通过一手控下降器连接到消防车上，如图18中的点3所示。手控下降器是绳索的制动部分，控制着绳索向上"输送"的速度和长度，手控下降器再通过其他连接带或绳索连接到消防车上。

(4) 图18中点3处通过制动器来控制下降速度，从而实现伤员转运。

4. 深井救援

4.1 操作方法

(1) 1人携带救援三角架，1人携带绞盘和吊带至模拟训练装置前。在井口架设救援三角架，调整支腿高度并固定，安装绞盘，调整钢丝绳和吊钩。

(2) 1人利用滑轮和救助绳索制作一套救助滑轮组。

(3) 1人穿着全身吊带，连接救援三角架吊钩，携带救援三角吊带进入井口，下降至井底。如图19(a)所示。

(4) 将救助吊带给井下伤员穿好并将其连接到救援绳索上。

(5) 若伤员的伤势轻微，自己能够自由行动，可直接将伤员吊上地面，如图19(b)所示。

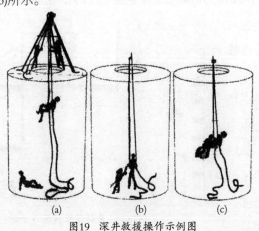

(a)　　　　　(b)　　　　　(c)

图19　深井救援操作示例图

(6) 若伤员伤势严重，井下救援人员可以通过双人连接带将自己和伤员连接起来，通过一起被提升来照顾伤员，如图19(c)所示。

(7) 井下人员完成连接操作后向井上人员示意，由井上人员再将井下救援人员和伤员提升上来。

4.2 注意事项

双人连接带连接伤员时，伤员的位置最好能够能被救援人员双腿夹住，这样在提升时方便救援人员对其控制和保护。

课目四 水上救援装备操作

1. 救生抛投器

1.1 操作使用

(1) 在平地上画出起点线，起点线前5米处画出操作线，操作区放置抛投器、绳索、救生衣、手套、气瓶等。

(2) 听到"器材准备"的口令，战斗员做好操作前的各项准备，检查救援绳有无打结或磨损现象，确保完好后方可使用。将装有救生圈的塑料保护筒安装到发射气瓶上，检查气瓶气压。检查完毕后，在起点线成立正姿势。

(3) 听到"开始"口令后，战斗员跑步至操作线，穿上救生衣，准备发射救生抛投器。

(4) 将牵引绳和救生圈的两端分别从气瓶嘴保护套上的小孔穿入，套在气瓶嘴上，用扳手拧紧气瓶嘴保护套，将牵引绳及救生圈连接在发射气瓶上，连接发射气瓶、救生圈和主救援绳。

(5) 检查包装上的安全销是否处于正确位置，拔出发射安全销。

(6) 以适当角度置于身前，并估计发射距离（应超过被救目标），双手紧握并扣动发射扳机进行发射。发射时应采用抛物线，严禁直接对准被救目标及物体，以免伤害被救者或损坏发射气瓶。

(7) 气瓶落水后3～5秒，救生圈自动胀开。

(8) 遇险者抓住救生圈，并将它套在自己的身上，救援者可将他们拉到安全地带。发射完毕后报"好"。

(9) 听到"撤收"口令后，将抛投器收回，绳索和救生圈擦拭干净，装备恢复到开始状态。

1.2 注意事项

(1) 主救援绳使用完后要及时用中性洗涤剂洗涤后再用清水清洗、干燥，重新装入绳包。

(2) 救生圈使用完后应及时用清水进行清洗、干燥。用人工充气方法检查救生圈是否漏气，其他部件也应检查是否完好。救生圈不得用于救援以外的其他作业。

(3) 发射机械装置使用完后，擦拭干净，对各零部件进行检查，确认完好。用防锈润滑油对各金属部件进行喷涂润滑，以防产生锈蚀，妥善保管，待用。

(4) 射气瓶使用完毕后，将发射气瓶从塑料保护筒中取出，用扳手将气瓶嘴保护套卸下，再将气瓶嘴旋下（注意：不要将气瓶嘴上的O型密封圈损坏或丢失），对各部件用清水进行清洗和干燥（用吹风机对准气瓶口吹送热风进行干燥，如未干燥，余下的水分在发射之前会使救生圈膨胀，影响发射），其他部件也必须干燥。待干燥后，用少许硅油涂抹在气瓶嘴上（用力不要用过大，以防损坏部件），再将气瓶嘴护套安好，以备再用。

2. 冲锋舟

2.1 操作方法

(1) 在一开阔地面上画出起点线，起点线前5米处画出操作区域，操作区域内放置冲锋舟组件、气瓶、控制阀、螺旋桨发动机、油箱等。

(2) 听到"器材准备"的口令，战斗员做好操作前的各项准备，检查气瓶气压，检查冲锋舟部件及油箱油压。检查完毕后，在起点线成立正姿势。

(3) 听到"开始"口令后，战斗员跑步至操作区，展开冲锋舟，按顺序组装冲锋舟底板，并加固。

(4) 将气瓶连接管对准冲锋舟充气接口，连接冲锋舟和气瓶，利用控制阀控制充气速度和充气量，将冲锋舟充气至紧绷状态，高温天气时留有一定余量。

(5) 将冲锋舟抬入水中，拴住保险绳，操作员穿上救生衣，安装螺旋桨发动机，并用螺丝拧紧固定。

(6) 连接油箱和发动机，泵入燃油，插入钥匙，将发动机开关调至空挡位置，拉线发动。

(7) 螺旋桨发动后，松掉保险绳，慢慢调整油门，平稳控制冲锋舟，在指定水域铺设围油栏，完成后报"好"。

(8) 听到"撤收"口令后，操作员先将发动机档位调至空挡，油门调至最小，关闭钥匙，卸下螺旋桨发动机，空拉发动机，将残余燃油烧尽，水排空。将冲锋舟抬至岸上并擦干水迹，和发动机一起装车放好。

3. 架设横渡系统

3.1 操作方法

(1) 架设横渡绳。利用救生抛投器发射引导绳至对岸，两岸队员利用地形地物制作支点，一端利用倍力系统拉紧主绳。为确保安全，主绳采用双股架设时，紧绳一端的支点采用双均匀伸展倍力系统，同时拉紧两根主绳。

(2) 收紧横渡绳。用扁带、挂钩制作保护支点，将下降器挂入支点挂钩，打开下降器，正确安装横渡绳。利用倍力系统收紧横渡绳，收紧后锁闭下降器，并在主绳上打罗马结进行加固，如图20所示。

(3) 制作救援系统。在给救援人员制作保护后，根据现场救援需要选择制定配重提升系统、V型系统、T型系统、舟艇绳索系统（T型救援系统和橡皮艇联用）等救援系统实施救援。

(4) 完成被困人员固定、连接操作后，拉动一侧牵引绳，完成横渡后将被困人员带离危险区域。

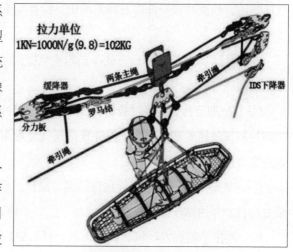

图19 架设横渡系统救援示例图

3.2 注意事项

(1) 架设横渡系统时需考虑运送方向，否则将影响系统架设步骤。

(2) 注意人员按需配置，以免造成一方人手不足，另一方人手过多的窘况。

(3) 转运时尽量由高处往低处运送。

(4) 尽量选择腹地宽广的地点架设系统。

(5) 随时检查安全钩处于锁闭状态，注意保护。

课目五 顶撑装备操作

1. 顶撑气垫

1.1 操作使用

(1) 在待救区域设置预制板一个，预制板后设有一模拟废墟，内有受伤人员，需将废墟前方木板顶撑起来，开拓出救援通道，救出伤员。

(2) 听到"准备顶撑"的口令，战斗员做好防护，检查发电机和气泵是否正常工作，检查连接管和气垫是否完好，检查垫木数量是否足够。检查完毕后，成立正姿势。

(3) 听到"开始顶撑"口令后，战斗员迅速展开，开始实施顶撑操作，动作要领如下：

①启动仪器。设备操作人员打开发电机，快速连接好接线盘、气管、控制阀、气泵和气袋。设备连接时，要保证各连接管顺畅、平整，不打结。

②顶撑操作。顶撑时先从预制板一端开始，选择好中心支点位置后顶撑操作人员将气袋移至预制板中心支点下方，指挥员负责指挥气袋升降高度，并用手势示意设备操作人员工作或停止。待气袋升到所需高度后，再放置垫木形成支撑。为保持预制板的稳定性，顶撑时垫木需成"井"字形放置在预制板的中心位置，且同一方向垫木上下应在一条垂直直线上。若气袋顶撑高度不够，可在气袋下加垫木增高，增加垫木时需保证气袋的平稳性。

③待预制板一端垫入一层垫木后，再将气袋移至预制板另一端，以此逐层循环垫高，直至顶撑到所需高度（5层垫木的高度），开拓出救援通道，使救援人员能进入废墟将受伤人员救出即可。

(4) 当判断顶撑高度已达到要求后，停止顶撑并向指挥员报告："顶撑完毕"，计时停止。

(5) 指挥员下达"顶撑撤收"口令后，计时再次开始，战斗员需将所做顶撑和各仪器装备撤收到原始状态。顶撑撤收时亦要先从一端开始，待撤掉一层垫木后再将气垫移至另一端，以此逐层循环减少垫木，直至恢复到原始状态。仪器撤收时要按顺序将各连接管拔掉，仪器归位。

(6) 撤收完成后，报告"撤收完毕"，计时停止。

课目六　排烟装备操作

1. 移动排烟机

1.1 操作使用

(1) 在平地上画出起点线，起点线上放置移动排烟机一台。起点线前方5米为待排烟区，在待排烟区域设置发烟罐一个。

(2) 听到"器材准备"的口令，战斗员做好个人防护，检查排烟机油量、开关，是否能正常启动。检查完毕后，在起点线成立正姿势。

(3) 听到"开始"口令后，战斗员手推排烟机至排烟区域，根据现场条件，合理放置排烟机位置，摆放时需放置平稳，并予以固定。

(4) 固定后，打开总开关，调整阻风门，拉线发动。正常运转后，关闭阻风门。

(5) 使用多台排烟机时，要合理放置排烟机位置。

(6) 合理调节风扇的转速，待排烟完毕后，报"好"。

(7) 听到"撤收"命令后，风扇的转速调至最低后，关闭开关，将装备恢复到开始状态。

1.2 注意事项

(1) 禁止在运行过程中移动风机。

(2) 如有机器噪音、震动或其他异常现象发生，应立即关闭风机（除了叶片，风机任何部件的噪声、震动都视为异常现象）。

(3) 平时经常检查叶片、护罩、螺栓、风扇罩有无破裂，若有破损，及时更换。

2. 坑道排烟机

2.1 操作使用

(1) 在平地上画出起点线，起点线上放置坑道排烟机、发电机、接线盘各一台。起点线前方5米为待排烟区，在待排烟区域设置发烟罐一个。

(2) 听到"器材准备"的口令，战斗员做好个人防护，检查发电机、电源是否正常。检查完毕后，在起点线成立正姿势。

(3) 听到"开始"口令后，战斗员手抬坑道排烟机至排烟区域，根据现场条件，合理放置排烟机位置，摆放时需放置平稳。

(4) 连接好接线盘、发电机和排烟机，启动发电机。

(5) 按下坑道排烟机电源开关，启动排烟机，待排烟完毕后，报"好"。

(6) 听到"撤收"命令后，先关闭排烟机电源，再关闭发电机，将装备恢复到开始状态。

2.2 注意事项

(1) 在操作中，如坑道排烟机不工作，应立即关机检查电源开关接头或风叶是否正常运转，找到故障原因即时维修，确保救援任务正常执行。

(2) 使用完毕后，擦拭干净。应放置于通风、干燥的地方，并且不得与其他化学品以及有腐蚀性的物品一起存放。

课目七 排水装备操作

1. 汽油排水机

1.1 操作方法

(1) 在平地上画出起点线，起点线前方5米为排水区，在排水区放置汽油排水机一台。

(2) 听到"器材准备"的口令，战斗员做好个人防护，检查是否有机油或汽油泄漏，各部件连接是否紧固。卸下油箱盖检查油位，如果油位低，补充燃油。油位不要超过过滤网顶部。检查完毕后，在起点线成立正姿势。

(3) 听到"开始"口令后，战斗员跑至排水区域，连接进水和出水管。

(4) 打开燃油开关，关闭阻风门。打开发动机开关，轻轻拉起手柄至有阻力感，然后用力快速一拉，启动发动机。

(5) 低温启动时，在发动机预热时（怠速3～5分钟），逐渐打开阻风门。

(6) 把调速油门扳到合适位置，保证供水压力表在一定范围内。排水结束后报"好"。

(7) 听到"撤收"命令后，把调速油门调至最低，关闭发动机开关，关闭燃油开关，将装备恢复到开始状态。

1.2 注意事项

(1) 启动后放回手柄时，应顺着启动器拉绳的回弹力方向放回，以免其撞伤齿轮。

(2) 只有在紧急情况下停机时，才可直接关闭总开关，否则按顺序关闭。

课目八 应急照明装备操作

1. 逃生照明线

1.1 操作方法

(1) 在平地上画出起点线，起点线前方5米处为操作线，在操作线上放置发电机、接线盘、照明线。

(2) 听到"器材准备"的口令，战斗员做好个人防护，检查发电机使用状态，照明线接头、控制开关是否齐全。检查完毕后，在起点线成立正姿势。

(3) 听到"开始"口令后，战斗员跑至操作线，连接接线盘，连接A线盘插头，启动发电机，打开照明线开关，将照明线盘迅速沿着一侧（根据现场条件决定）墙角，从逃生出口向被困人员区域方向延伸。

(4) 当A线盘铺设完成后，将B线盘插头插在A线盘上，B线盘继续向里铺设照明线。直至到达被困人员区域，报"好"。

(5) 听到"撤收"口令时，先撤出照明线，关闭控制箱电源，关闭发电机，待照明线冷却后，进行A、B线盘复位。

2. 照明灯车

2.1 操作方法

(1) 在开阔地上画出起点线，起点线前方5米处为操作区，在操作区域停放一辆灯车。

(2) 听到"器材准备"的口令，战斗员检查灯车发电机使用状态，控制开关。检查完毕后，在起点线成立正姿势。

(3) 听到"开始"口令后，战斗员跑至操作区，操作灯车，动作要领如下：

①发电机组操作

a.打开电源总开关。

b.启动发电机组前先打开油路开关，将旋钮调至ON状态。

c.调整风门开关，根据温度调整风门大小（温度较高时可以不用风门）。

d.启动电门，用钥匙按箭头方向调至START位置。

e.打开发电机送电开关，将压缩机开关调至ON位置。

②控制箱操作

a.发电机组启动后，打开控制柜，按顺序打开直流电源开关。

b.按顺序打开机组开关；打开云台复位开关；打开气泵开关；等气泵充气1分钟、灯杆升起来后，打开主灯开关。

③升降操作

a.按动遥控控制器上"升"或控制箱上"云台升"按钮，进气电磁阀打开，灯杆升起；松开按钮，进气阀关闭，灯杆停止上升。

b.按动遥控控制器上"降"或控制箱上"云台降"按钮，排气电磁阀打开，灯杆下降；松开按钮，排气阀关闭，灯杆降到最低位置停止下降。

c.手动/自动开关：遥控控制器按到自动档，可使升降杆自动降下，系统自动复位到设计位置；遥控控制器按到手动档，升降杆的升降需要4个工作按钮完成升降。

d.利用遥控控制器上4个黄色组合按钮或控制箱上"云台/顺""云

台/逆""云台/俯""云台/仰"按钮，调整主灯的灯光方向。云台水平旋转角度为330度，俯仰角度为330度。

④照明系统关闭

a.关闭主灯；b.待灯杆下降到位后，关闭气泵；c.关闭机组；d.关闭直流电源；e.关闭云台复位；f.关闭发电机组：关闭油路开关，待发电机自然熄火后，用钥匙将电门开关调至OFF位置；g.关闭电源总开关。

(4) 所有操作完成后，报"好"。

2.2 注意事项

(1) 升降杆工作气压: $3kg/cm^2$，出厂前已设定，请勿随意调节。

(2) 升降杆在升出前，必须保证其周围及上空有足够的空间，无高空电线或其他任何障碍。

(3) 当升降杆处于升起状态及系统工作状态下，切勿开动汽车。系统复位后方可开动汽车。

(4) 严禁连续开关主灯，尽量避免热启动，每次使用关闭后，5分钟后方可重新开启，否则会影响灯管的使用寿命。

3. 360度照明灯

3.1 操作方法

(1) 在开阔地上画出起点线，起点线前方5米处为操作区，在操作区域放置360度照明灯车。

(2) 听到"器材准备"的口令，战斗员检查灯车发动机使用状态，检查发电机油、气存量信息。解开灯柱并妥善展开。检查完毕后，在起点线成立正姿势。

(3) 听到"开始"口令后，战斗员跑至操作线，操作照明灯，动作要领如下：

①启动发电机：将电源开关调制ON处，拉绳启动；

②打开电源开关POWER键；

③充气：发电机启动约1分钟后，按下BLOWER键，使灯柱充气升高；

④待灯罩充足气且直立起来后，按下LIGHT键，打开灯光开关；

⑤固定：在灯柱的顶部用绳索顺着四个方向固定在地面上，防止灯柱因风力或气压不足而倾倒。待照明灯柱完成充气，固定完毕后报"好"。

(4) 听到"撤收"口令时，先关闭LIGHT键，使灯管温度降低到35度以下时（手摸不烫），关闭BLOWER键。关闭时，人员注意接住灯管，防止灯管直接掉在地上摔坏；关闭电源开关POWER键；最后将电源开关调至OFF处。

（三）专项及合成训练

课目一　民防工程救援演练

1. 演练的方案拟定、计划编制

在给定事故发生的背景后，立即根据设定的事故情况进行初步研判，拟定救援方案，编制实施计划，明确人员编组和物资保障，确保救援工作顺利有序进行。

2. 桌面推演

按照拟定的救援方案和实施计划，以桌面推演的方式进行预演，检验应急预案、救援方案、实施计划的可行性和可操作性，并及时进行完善补充。

3. 单科目训练

3.1 现场指挥部设置训练

根据现场地形、气象条件、现场情况等因素，合理设置现场指挥部，架设应急指挥帐篷，便于组织领导开展救援工作。应急指挥部设置应注意避开危楼、低洼处、高压线等危险区，同时规划好指挥部进出口道路，保证人员、装备和后勤需求能顺利出入，并对出入口进行有效控制。

3.2 指挥通信训练

能熟练运用车载800兆、手持式800兆无线对讲机等各类通信器材，确保上下通信联络通畅。现场指挥程序清楚，命令果断，力量调整及时，确保各环节、各要素能够按照应急预案、救援方案、实施计划有条不紊实施。

3.3 个人防护训练

根据现场情况，实施化学防护和特种防护，确保救援人员防护严密、快速，符合要求。

3.4 坍塌疏通训练

合理选择破拆突破口，确定破拆范围，选择破拆方法，利用各类破拆装备对坍塌的部分进行快速破拆和安全破拆，开拓出救援通道；利用重型顶撑杆对坍塌关键位置进行支撑加固，确保通道安全。

3.5 排烟排水作业训练

合理选择排烟、排水点，利用涡轮排烟机和移动排烟机进行排烟，利用移动抽水泵和小型电动水泵进行排水。

3.6 铺设逃生照明线训练

正确连接逃生照明线，快速完成铺设作业，使救援区域内部逃生照明效果达到要求。

3.7 人员搜救训练

能熟练利用雷达生命探测仪、视频探测仪、音频探测仪和红外成像仪进行人员搜救，熟悉搜救策略，制定营救方案，营救疏散被困人员。

3.8 伤员救护与转运训练

能熟练实施止血、包扎与固定、心肺复苏等简单急救操作，掌握伤员搬运方式和简易担架制作，成功实施伤员转运。

3.9 人员撤离训练

根据现场情况，及时发出撤离警告，撤离口令清楚，时机适宜。

4. 合成训练

多科目、多要素的合成训练。

5. 综合演练

按照给定的事故情况，完成整个事故救援处置的演练。

课目二　建筑物倒塌救援演练

1. 演练的方案拟定、计划编制

在给定事故发生的背景后，立即根据设定的事故情况进行初步研判，拟定救援方案，编制实施计划，明确人员编组和物资保障，确保救援工作顺利有序进行。

2. 桌面推演

按照拟定的救援方案和实施计划，以桌面推演的方式进行预演，检验应急预案、救援方案、实施计划的可行性和可操作性，并及时进行完善补充。

3. 单科目训练

3.1 现场指挥部设置训练

根据现场地形、气象条件、现场情况等因素，合理设置现场指挥部，架设应急指挥帐篷，便于组织领导开展救援工作。应急指挥部设置应注意避开危楼、低洼处、高压线等危险区，同时规划好指挥部进出口道路，保证人员、装备和后勤需求能顺利出入，并对出入口进行有效控制。

3.2 指挥通信训练

能熟练运用车载800兆、手持式800兆无线对讲机等各类通信器材，确保上下通信联络通畅。现场指挥程序清楚，命令果断，力量调整及时，确保各环节、各要素能够按照应急预案、救援方案、实施计划有条不紊实施。

3.3 安全评估训练

安全员对倒塌废墟情况进行评估，明确可能引起二次坍塌的危险地段，并根据情况进行必要的支撑加固。

3.4 个人防护训练

根据现场情况，实施化学防护和特种防护，确保救援人员防护严密、快速，符合要求。

3.5 人员搜索训练

能熟练利用雷达生命探测仪、视频探测仪、音频探测仪和红外热成像仪进行人员搜救，熟悉搜救策略，掌握搜救要点，通过多种搜索方式确认是否存在幸存人员及其准确位置。

3.6 开拓救生通道训练

尽量利用废墟内现有空间建立通道，不破坏原有的支撑关系。遇到障碍时，利用设备采取破拆、顶升、凿破等方式开辟通道，同时注意在清理通道中进行支撑和加固。

3.7 实施营救训练

合理选择破拆突破口，确定破拆范围，选择破拆方法，从废墟中营救出伤员，尽量采用竖井担架，保护伤者脊椎，禁止生拉硬拽造成二次伤害。

3.8 心理安抚训练

在营救过程中，要与被困人员进行沟通，了解伤情和被埋压情况，针对性开展心理安抚。

3.9 医疗救护训练

能熟练实施止血、包扎与固定、心肺复苏等简单急救操作，掌握伤员搬运方式，成功实施伤员转运。

3.10 人员撤离训练

根据现场情况，设计好撤离路线，监视救援过程中建筑物的稳定性，一旦有坍塌危险，及时发出中止和撤离警告。

4. 合成训练

多科目、多要素的合成训练。

5. 综合演练

按照给定的事故情况，完成整个事故救援处置的演练。

课目三　高楼逃生救援演练

1. 演练的方案拟定、计划编制

在给定事故发生的背景后，立即根据设定的事故情况进行初步研判，拟定救援方案，编制实施计划，明确人员编组和物资保障，确保救援工作顺利有序进行。

2. 桌面推演

按照拟定的救援方案和实施计划，以桌面推演的方式进行预演，检验应急预案、救援方案、实施计划的可行性和可操作性，并及时进行完善补充。

3. 单科目训练

3.1 现场指挥部设置训练

根据现场地形、气象条件、现场情况等因素，合理设置现场指挥部，架设应急指挥帐篷，便于组织领导开展救援工作，保证人员、装备和后勤需求能顺利出入。

3.2 指挥通信训练

能熟练运用车载800兆、手持式800兆无线对讲机等各类通信器材，确保上下通信联络通畅。现场指挥程序清楚，命令果断，力量调整及时，确保各环节、各要素能够按照应急预案、救援方案、实施计划有条不紊实施。

3.3 个人防护训练

勘察现场情况，做好安全评估，实施个人防护，确保救援人员防护严密、快速，符合要求。

3.4 绳索上升训练

根据现场情况，选择合适地点，发射锚钩发射装置，架设上升绳索，救援人员利用绳索上升到目标区域。

3.5 气垫逃生训练

选择合适场地，铺设逃生气垫，前期利用绳索上升到达目标区域的救援人员引导受困群众，讲授逃生要点，指导他们从一定高度跳下气垫逃生。

3.6 伤员转运训练

利用现场条件，建立绳索转运系统，对伤员进行简单医疗急救处理，做好受伤人员安全防护后，通过绳索和担架将受伤人员运送至安全区域。

3.7 绳索下降训练

救援人员指导受困群众通过气垫逃生，建立绳索系统后，利用下降装备，将受伤人员安全撤离到地面。

4. 合成训练

多科目、多要素的合成训练。

5. 综合演练

按照给定的事故情况，完成整个事故救援处置的演练。

课目四 水上救援处置演练

1. 演练的方案拟定、计划编制

在给定事故发生的背景后，立即根据设定的事故情况进行初步研判，拟定救援方案，编制实施计划，明确人员编组和物资保障，确保救援工作顺利有序进行。

2. 桌面推演

按照拟定的救援方案和实施计划，以桌面推演的方式进行预演，检验应急预案、救援方案、实施计划的可行性和可操作性，并及时进行完善补充。

3. 单科目训练

3.1 现场指挥部设置训练

根据现场地形、气象条件、现场情况等因素，合理设置现场指挥部，架设应急指挥帐篷，便于组织领导开展救援工作，保证人员、装备和后勤需求能顺利出入。

3.2 指挥通信训练

能熟练运用车载800兆、手持式800兆无线对讲机等各类通信器材，确保上下通信联络通畅。现场指挥程序清楚，命令果断，力量调整及时，确保各环节、各要素能够按照应急预案、救援方案、实施计划有条不紊实施。

3.3 个人防护训练

勘察现场情况，做好安全评估，实施个人防护，确保救援人员防护严密、快速，符合要求。

3.4 冲锋舟组装训练。

根据现场情况，选择合适地点，快速组装好冲锋舟，通过气瓶或气泵，完成充气。

3.5 冲锋舟操作训练

将螺旋桨正确安装在冲锋舟上，做好固定，按照顺序启动气垫发动机，挂挡，安全操作冲锋舟。

3.6 水面泄漏物处置训练

平稳操作冲锋舟，在事故区域铺设围油栏，利用吸油毡，吸附水中泄漏物，并将吸油毡打捞。

3.7 被困人员救援训练

利用救生抛投器，向落水人员方向发射救生圈，架设绳索救援系统，营救被困人员。

4. 合成训练

多科目、多要素的合成训练。

5. 综合演练

按照给定的事故情况，完成整个事故救援处置的演练。

参考文献

[1] 国家人民防空办公室. 人民防空训练与考核大纲（试行）. 2015.

[2]上海市化学事故应急救援办公室.化学事故防护与救援[M].上海：上海科学普及出版社，1991.

[3]夏益华，陈凌，马吉增，等.核应急监测分队手册[M].北京：原子能出版社，2009.

[4]邱会国.核事故应急准备与响应手册[M].北京：中国环境科学出版社，2012.

[5]康伟军.地震灾后应急救援中的破拆技术分析[J].中文信息，2015（6）.

[6]陈维锋，王云基，顾建华，等.地震灾害搜索救援理论与方法[M]，北京：地震出版社，2008.

[7]顾建华，王云基，陈维锋，等.搜索理论与建筑物评估和标记问题的讨论[J].国际地震动态，2003（7）：5-12.

[8]孔平，任利生.地震应急救助技术与装备概论[M].北京：地震出版社，2001.

[9]赵正宏，等.应急救援装备选择与使用[M].北京：中国石化出版社，2007.

[10]梁云澄.结绳大全[M].北京：光明日报出版社，2012.

[11]李国辉.浅谈摘除马蜂窝的救援行动[J].消防技术与产品信息，2009（6）：24-26.

[12]中国地震应急搜救中心.地震救援技术简明手册. 2009.

[13]吴建春，等. 常用地震救援装备操作说明及注意事项.中国地震应急搜救中心. 2009.

后 记

　　作为民防救援专业队伍日常业务学习和训练的教材《上海市民防救援专业队伍训练大纲与考核细则》一书，经过两年多的努力，反复斟酌、数易其稿，终于定稿付印，这是上海市民防特种救援中心化救特救队伍数十年经验的积累，无不渗透着编写人员的心血和汗水，是集体智慧的结晶。本书在撰写过程中，得到了上海市民防办公室的高度重视，上海市民防办公室主任、党组书记沈晓苏同志亲自为该书作序；上海市民防办公室副主任汪耀明同志给予悉心的具体指导。同时，本书的编写，也得到了有关单位、部门和专家的热忱帮助，在此，一并表示衷心的感谢。

　　由于编者的水平有限，书中的错误缺点和不妥之处在所难免，诚请广大读者给予批评指正。

编者
2018年1月